启真馆 出品

意识与脑科学丛书

意识笔记

唐孝威 著

ZHEJIANG UNIVERSITY PRESS
浙江大学出版社

(A)

(B)

(C)

(D)

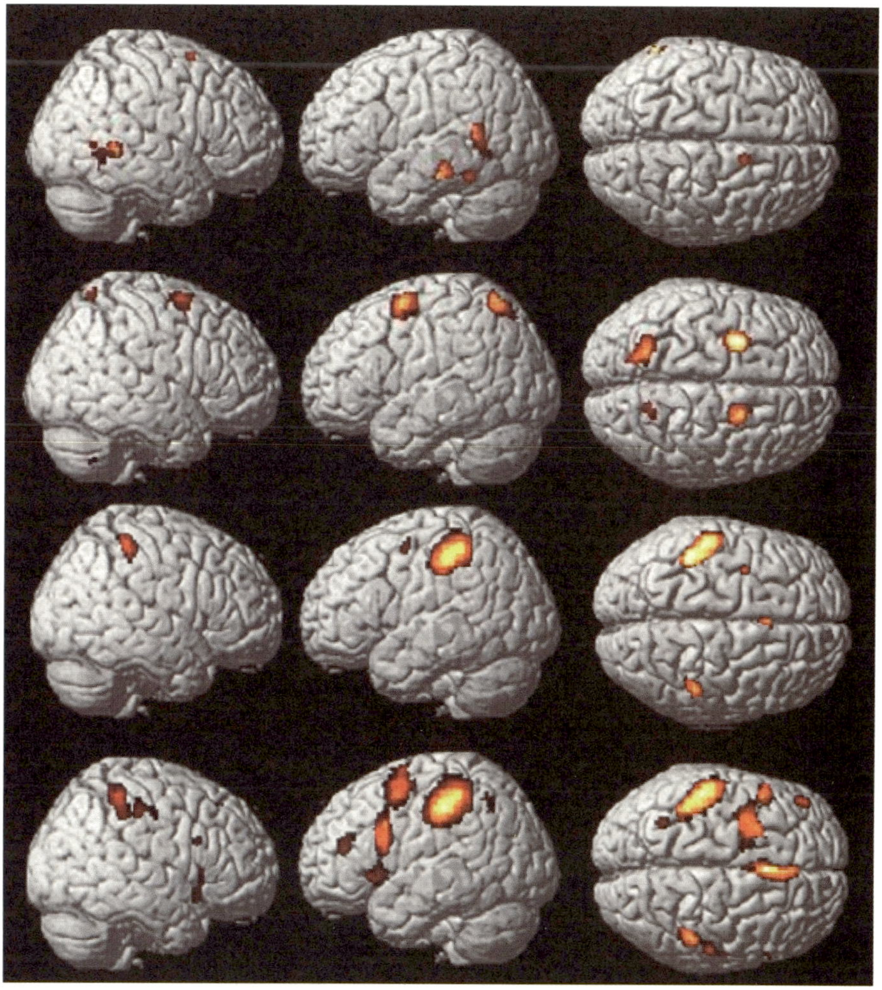

视觉刺激下进行简单连续加法任务和复杂连续加法任务引起脑区激活的fMRI图像。(A)珠心算专家组简单连续加法任务相对于控制任务的激活。(B)珠心算专家组复杂连续加法任务相对于控制任务的激活。(C)对照组简单连续加法任务相对于控制任务的激活。(D)对照组复杂连续加法任务相对于控制任务的激活。

(陈飞燕等，2006，doi:10.1016/j.neulet.2006.04.041)

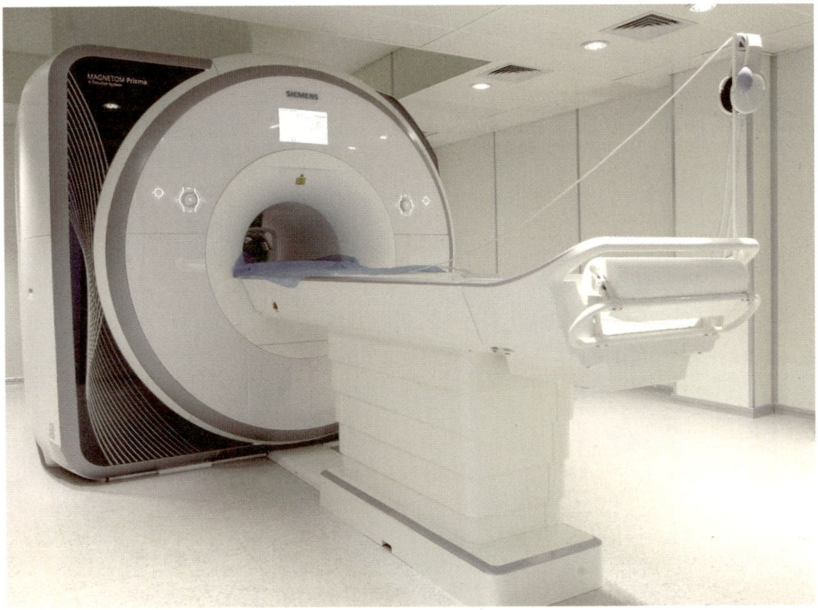

浙江大学脑影像科学技术中心 3T 人体磁共振成像系统

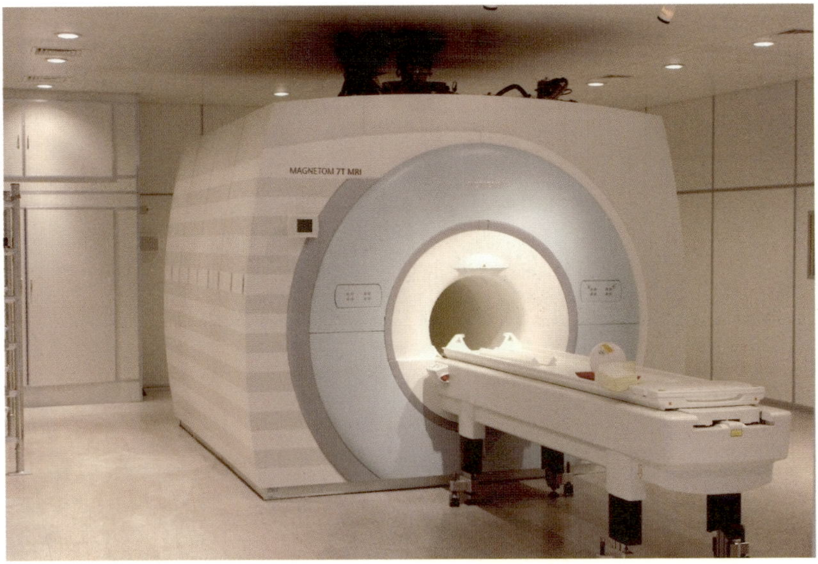

浙江大学脑影像科学技术中心 7T 人体磁共振成像系统

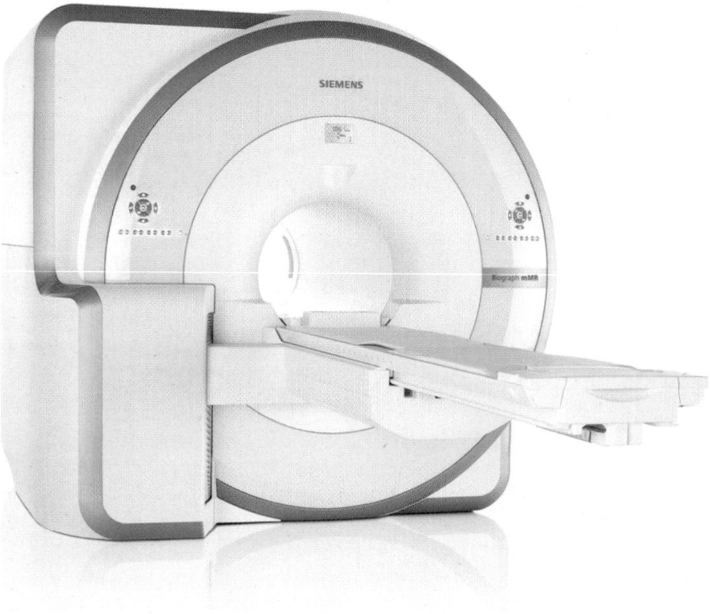

一体化正电子发射－磁共振成像系统

该系统集成了 3T 磁共振成像系统（MRI）及与磁共振兼容的正电子发射成像系统（PET），实现了 PET 与 MRI 同床位等中心同步成像以及 MRI 与 PET 的独立成像。

（出处：https://www.healthcare.siemens.com.cn/magnetic-resonance-imaging/mr-pet-scanner/biograph-mmr）

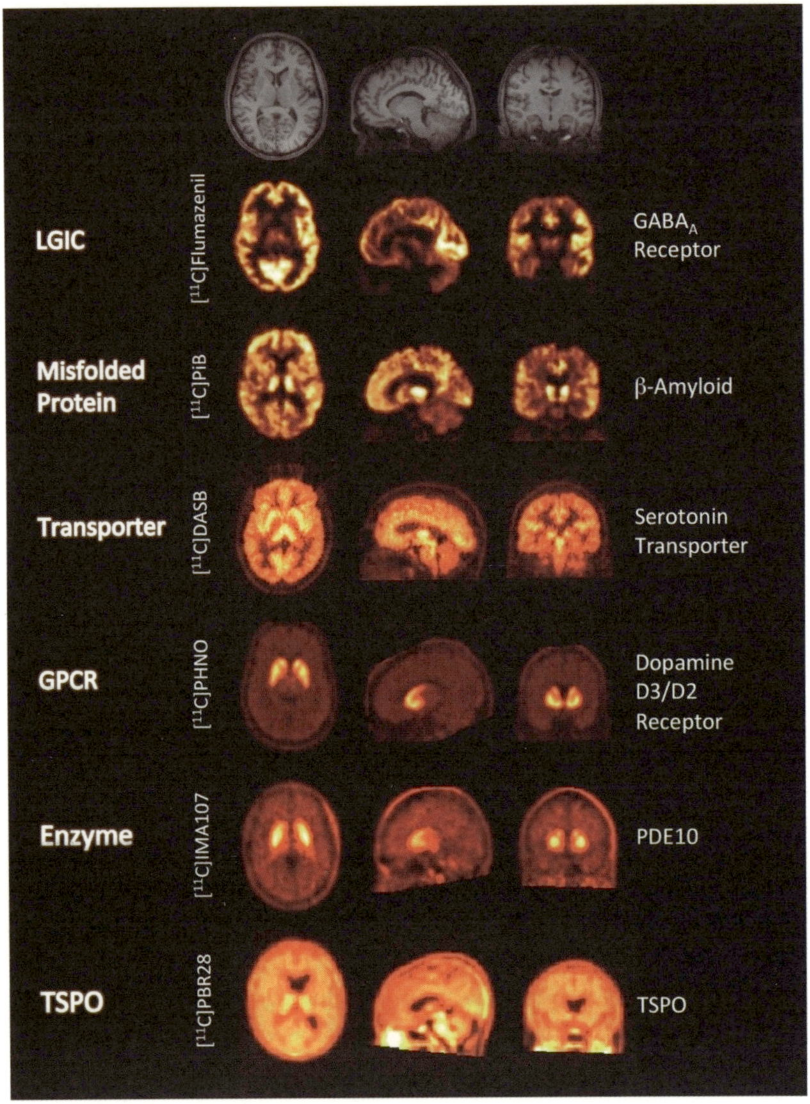

人脑蛋白质分子的 PET 图像

对人脑中不同类型的蛋白质分子，用不同的探针进行 PET 成像。图中第一行是磁共振 T1 图像，第二行至第七行分别是：$GABA_A$ 受体蛋白、β- 淀粉样蛋白、血清素转运蛋白、多巴胺 D2/D3 受体蛋白、磷酸二酯酶 -10、外周型苯二氮卓受体转运蛋白的 PET 图像。

（出处：Roger N Gunn，2015，doi:10.1088/0031-9155/60/22/R363）

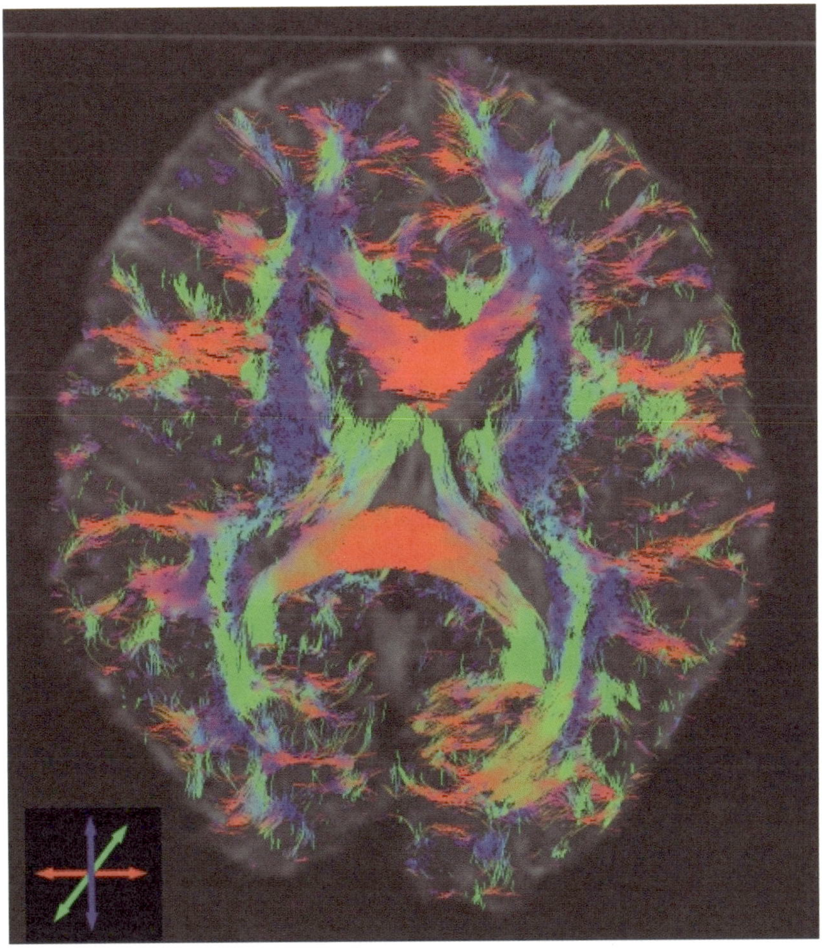

全脑高分辨神经纤维束投射图（1.25mm，确定性追踪）

（来源：浙江大学脑影像科学技术中心）

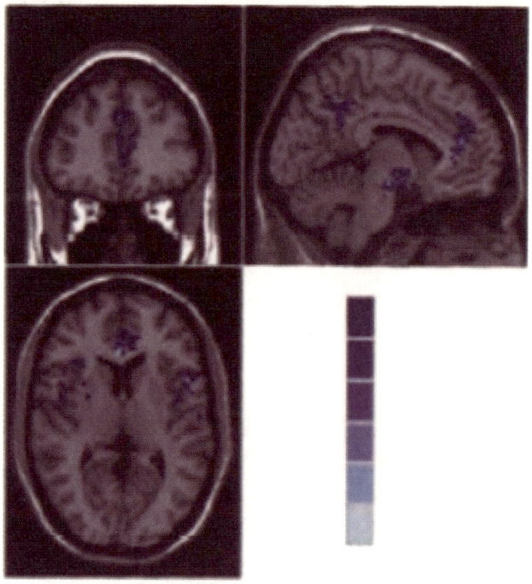

蓝色代表轻度阿尔茨海默病组患者低频振幅减弱的区域

图 1　轻度阿尔茨海默病组患者基于低频振幅算法的静息态 fMRI 减弱区域

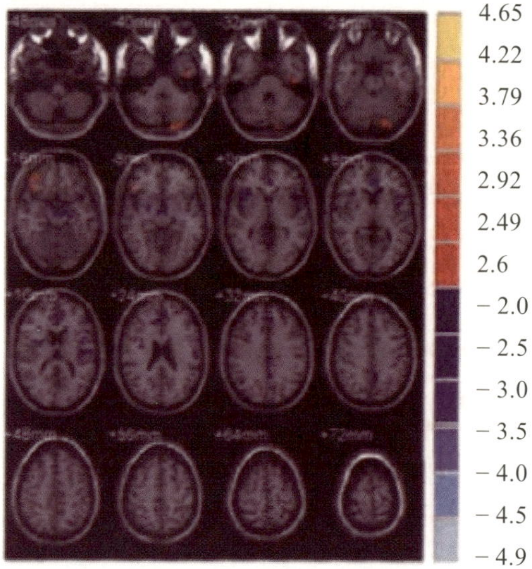

蓝色代表低频振幅减弱的区域，红色代表低频振幅增强的区域

图 2　轻度阿尔茨海默病组患者基于低频振幅算法的静息态 fMRI 异常区域横断位像

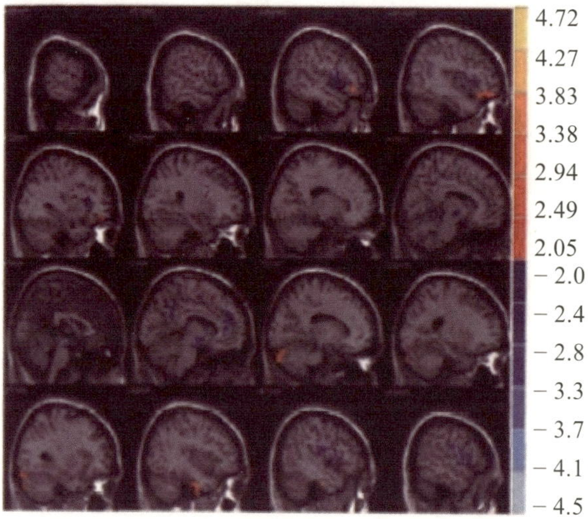

蓝色代表低频振幅减弱的区域，红色代表低频振幅增强的区域

图 3　轻度阿尔茨海默病组患者基于低频振幅算法的静息态 fMRI 异常区域矢状位像

（出处：席芊，2012，DOI: 10. 3760/cma. j. issn. 1671. 8925. 2012. 06. 016）

唐孝威（左）和汪云九教授（右）合影

唐孝威（后排右五）与其他教授开会时合影

目　录

前言

从社会发展看，世界上最宝贵的是人。从人的生命看，人最宝贵的是意识。

意识是我非常感兴趣的科学问题，我希望能够从神经生物学、心理学、医学、物理学等多个角度理解意识的本质和规律，并且探索防治心智疾病和增进身心健康的方法。

这本书是我关于意识问题的笔记。内容包括三个部分：一、我写的几篇有关意识的科普文章；二、我的几本与意识有关的著作的简短提要；三、我阅读几本意识书所做的简单札记。此外，在附录中引用了三篇相关的文章。

第一部分

与意识有关的科普文章

这一部分是我写的几篇有关意识的文章。

这些文章有的未发表过。已发表过的文章，在后面说明原发表处。

这些文章按意识研究的目的、特性、方向等排列。

我为什么研究思维与意识

一　自然之谜

自古以来，人类就想了解深奥的自然之谜，其中包括物质的结构、宇宙的演化、生命的起源和思维的本质。粒子、宇宙、生命和思维一直是人类探索自然的前沿。中国要对认识这些自然的前沿问题做出自己的贡献。

思维和意识，是这些自然之谜中最困难的谜。虽然大家知道它们都是脑的高级功能，但是至今对它们的具体机制还不了解。目前心理学书中对它们的解释是这样的：思维是指脑内逻辑推理、问题解决和决策等信息加工的过程。意识是指脑对环境和内部世界的觉知。这些解释是初步的，需要对它们的脑机制进行深入的研究。

二 脑与思维

关于思维的研究：20 世纪 80 年代，国内外讨论研究思维并提出思维科学。学者们认为有两条研究途径：一是进行脑科学的研究，这是根本和彻底的方法，但当时条件有限；二是进行人工智能的研究，当时有条件做，因而选择这条途径。但是，如果没有脑的实验，思维科学的研究不可能有大的进展。

到 20 世纪 90 年代，脑功能成像技术有了很大发展，从脑机制入手研究思维具有了一定的可行性。因此，我们积极推动思维脑机制的研究。我们认为，思维是脑的高级功能，要了解思维不可能离开脑。思维的研究应当把上面提到的两条研究途径结合起来，特别要以脑研究为基础，进行思维脑机制的实验研究。

在思维科学和认知科学领域中，我们要全面地研究脑与心智，其中脑是基础，心智是功能，要把两者结合起来研究。

关于意识的研究：Crick（他和 Watson 在 1953 年提出的 DNA 双螺旋模型是划时代的发现，他后来转向意识研究）在《狂热的追求——科学发现之我见》一书中，谈过他对科学发现的看法和体会。1994 年，我和吕向东翻译此书，中译本在中国科学技术大学出版社出版。Crick 在中译本序言中说："我很高兴这本书能被翻译成中文，中国是人类文明发源地之一，我相信她在不久的将来也一定会对现代科学研究做出巨大贡献。"

Crick 在此书中说："我的兴趣集中到两个领域：一个是生命和非生命之间的界限；另一个是脑的活动方式。它们都涉及自然科学中还不能解释的谜题。"他在 1966 年决定转向意识研究，他说："我断定自己的长远兴趣是意识问题。如果我要仔细研究脑，要么现在干，要么就永远干不成了，因为我已经过了 60 岁。"

自然科学基础研究的驱动力是好奇心和兴趣。我为什么研究思维和意识？原因也是对思维和意识有好奇心和兴趣。同时，思维和意识的研究还有重要的现实意义。

三　寻找实验线索

科学研究未知领域，正在开拓的科学新边疆上，没有现成的“地图”，要靠自己进行实验探索。科学家研究自然之谜，像是侦探故事里侦破案件，需要仔细地寻找各种线索，再把这些线索串联起来，找到答案。然后再到实践中去进行检验。思维和意识研究要靠实验，立足于实验；还要靠思考，找到自然的谜底。

下面举几个有趣的实验线索：有意识和无意识现象、脑区激活和激活传播现象、脑的能量消耗现象、思维游移现象等。请大家想想它们之间有什么关系？能不能把它们串联起来？

四　意识的冰山

在人们日常生活中，环境的刺激不断作用于个体，但是大多数并不引起个体的感知。这是因为个体对多数刺激并没有加以注意，而且有些刺激的强度太小，处于感觉阈限以下，所以不能被感知。虽然这些刺激不引起感知，但它们会导致感觉器官有一定程度的响应，这时有神经信号传递到大脑，使相应脑区发生低水平激活，之后它们产生无意识活动。事实表明，人的心智活动中大多数是无意识活动（有人说大于 90%)，而有意识的活动只是冰山一角。

无意识活动中相关的神经活动会影响行为。还有内在的心理活动也会影响行为。

五　脑区的激活和激活的传播

心智活动有神经基础，主要是相关脑区的激活和相互作用。什么是脑区激活？它们是指脑区内的神经电和化学活动。心智活动也包括众多脑区的协同激活。

有科学家做过视觉意识的实验，给被试以极短时间间隔先后呈现两幅图片，如果时间间隔非常短，被试集中注意分辨第一幅图片，对第二幅图片就会时而看到，时而看不到。这时，记录这两种情况下的脑电。

看到时（对所见有意识）：第二幅图片呈现后 96ms，视皮层激活，其后额叶皮层、前额叶皮层、前扣带回、顶叶逐步激活。

看不到时（对所见无意识）:第二幅图片呈现后 96ms，视皮层激活，其后视皮层激活减弱，而其他脑区都没有激活。

由此可见，脑内对刺激的加工，有两个阶段：第一阶段是初级感觉皮层的无意识加工；第二阶段有意识加工时，除感觉皮层外，还有许多其他更高级脑区的参与。

六　脑的能量消耗

人在静息状态下，脑也在一刻不停地消耗能量。成年人脑的重量只有全身重量的 2%，但其能量消耗却占全身能量消耗的 20%，是其由重量比例估算的 10 倍。而在进行认知活动时，新增加的能量消耗却并不多，大概是其原来消耗量的 1%~2%，不会超过 5%。

为什么静息状态下的脑不断消耗大量能量？这些能量被用来干什么？这个问题目前还没有答案，因而被称为“脑的暗能量”问题。

七　思想游移现象

个体在清醒、没有外加任务的静息状态下，常常会有“胡思乱想”。这种现象被称为思想或意识的游移。它是思维的一种方式，它较少受到意识控制，常常“随性而为”“无拘无束”“天马行空”。

思想游移现象包含相当广泛的内容，可能是对过去信息的提取、再加工，也可能是对未来事件的“预演”或“提醒”，还有大量看似散乱无序的表象和内部言语。

我们在 1997 年提出，脑科学的目标是认识脑、保护脑、开发脑、仿造脑。现在扩展到脑与心智科学，我们认为，其目标是认识脑与心智、保护脑与心智、开发脑与心智、仿造脑与心智。

思维和意识是心智的核心问题。希望有志于心智研究的青年同学加入到我们的研究团队，一起来探索这个深奥而有趣的自然之谜。

本文是作者 2007 年在浙江师范大学的学术演讲稿

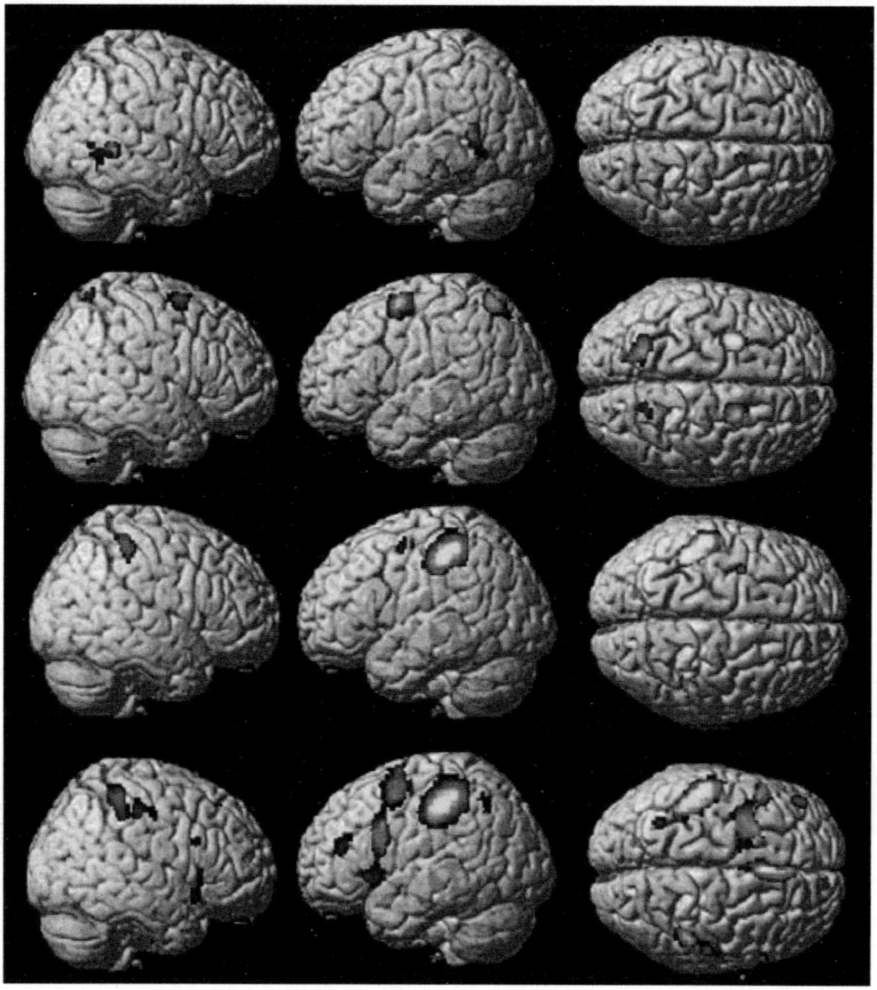

(A)
(B)
(C)
(D)

视觉刺激下进行简单连续加法任务和复杂连续加法任务引起脑区激活的fMRI图像。（A）珠心算专家组简单连续加法任务相对于控制任务的激活。（B）珠心算专家组复杂连续加法任务相对于控制任务的激活。（C）对照组简单连续加法任务相对于控制任务的激活。（D）对照组复杂连续加法任务相对于控制任务的激活。

（陈飞燕等，2006，doi:10.1016/j.neulet.2006.04.041）

意识现象

意识是复杂的心智现象。通常对意识的理解是觉醒和觉知，在心理状态方面，指个体的清醒和警觉。在心理活动方面，指个体对内外环境的觉知和体验。意识包括有意识活动和无意识活动，其中有意识的活动在心理内容上指可以用语言报告出来的内容。在行为水平上指受意愿支配的动作或活动（唐孝威，2003，2004；Crick & Koch, 2003；Edelman, 2003）。

为了了解复杂的意识现象，需要对意识的内部结构、意识的神经基础、意识的动态过程、意识的演化和发展等问题进行全面的研究。这里只从意识状态和意识体验两方面对意识现象进行简单介绍。

医学和心理学对意识现象有过广泛的实验研究，取得了许多进展。医学对意识的研究侧重于临床和康复方面，从生理活动和临床诊断的角度进行研究，例如：考察人在不同的生理状态下的意识表现，考察疾病或外伤引起的意识障碍以至意识丧失以及意识障碍的康复等。心理学对意识的研究侧重于认知和意向方面，从心理活动和心理过程的角度进行研究，例如：考察不同种类和不同强度的物理刺激引起的意识体验，考察阈下的物理刺激导致的无意识活动等。医学研究和心理学研究的侧重点有所不同，考察的意识现象也有所不同，但它们所考察的意识现象之间有紧密的联系。

意识状态

讲一个人的意识状态，通常是指他是否觉醒。例如清醒的正常人是有意识的，植物人是没有意识的，这种意识状态主要由人的生理状况决定。人可以处于各种不同的意识状态，包括正常的意识状态，如清醒状态、瞌睡状态、睡眠状态等。也可以包括不正常的意识状态，如麻醉状态、昏迷状态、植物人状态等。在各种不同的意识状态下，人的觉醒程度不同，或者说意识水平不同，表现为对内外环境觉知的敏感程度不同，例如与正常清醒时相比，人在入睡或高烧时，意识状态会发生明显的变化。

Luria 对大量脑损伤病人进行过临床观察和康复训练，观察到脑的一定部位的损伤会引起一定的心理功能障碍，但脑的一种功能并不只和脑的某一个部位相联系，脑的各个部位之间有着紧密的联系。他根据实验事实，把脑分为三个紧密联系的功能系统，并且提出脑的三个功能系统学说（Luria, 1973）。后来，我们根据新的实验事实，在这个理论的基础上进行扩展，提出脑的四个功能系统学说（唐孝威、黄秉宪，2003）。

在 Luria 的学说以及我们的学说中，脑的第一功能系统是保证、调节紧张度和觉醒状态的注意—唤醒系统；脑的第二功能系统是接收、加工和储存信息的信息加工系统；脑的第三功能系统是制定程序、调节和控制心理活动与行为的调节控制系统；脑的第四功能系统是评估信息和产生情绪的评估情绪系统。意识状态主要是由脑的第一功能系统的活动决定的，相关的脑结构是脑干网状结构和边缘系统等。

个体的意识觉醒程度有昼夜节律性的变化。睡眠是普遍的生理现象，正常人的意识状态有清醒状态和睡眠状态，在清醒和睡眠时，个体的觉醒程度不同。人在一天 24 小时中，大约有三分之一时间处于睡眠状态，其余约三分之二时间处于清醒状态。睡眠时脑也在活动，根据睡眠中脑电和眼动的情况，常把睡眠过程分为慢波睡眠和快眼动睡眠，其中慢波睡眠又分为若干期。慢波睡眠和快眼动睡眠在一夜之内多次交替进行。人在睡眠中会做梦，若在快眼动期唤醒受试者，受试者常报告正在做梦。做梦时人有意识体验。

Laureys 等从临床医学的角度指出，意识包括觉醒和觉知两种成分，它们具有不同的脑基础。觉醒成分主要是脑的第一功能系统的功能，常以睡眠—觉醒周期为标志；觉知成分主要是脑的第二功能系统的功能，常以对内外环境刺激的反应性为标志。实验表明，脑的第一功能系统和第二功能系统是相对独立而又相互影响的，在一定情况下觉醒成分和觉知成分会分离，例如植物状态病人通常有觉醒而无觉知(Laureys, et al., 2004 ；狄海波，2009)。

按照 Laureys 等的定义，正常人清醒时、正常人睡眠时、昏迷状态、麻醉状态、严重意识障碍病人等不同的意识状态有以下区别：正常个体的睡眠——觉醒周期是完好的，正常人清醒时有完好的觉醒和觉知，对内外环境刺激的反应性都是完好的；正常人睡眠时无觉醒而有微弱觉知，即个体是不清醒的，但对内外环境刺激会有微弱的反应；昏迷与麻醉状态的人无觉醒又无觉知，即个体既没有睡眠—觉醒周期，又没有对内外环境刺激的反应性；严重意识障碍病人可以细分为植物状态与最小意识状态，植物状态病人有觉醒而无觉知，即个体有睡眠—觉醒周期，但是没有对内外环境刺激的反应性；最小意识状态病人有觉醒并且有极低的觉知，即个体有睡眠—觉醒周期，对内外环境刺激有极低的反应性，并有相应的行为表现。

实验表明，人即使在没有认知任务的静息态情况下，脑也不停息地活动着并且消耗大量能量。当个体处于不同的意识状态时，脑内代谢活动的水平也不同。有许多文章介绍过脑内能量消耗与意识状态的关系（如 Raichle, et al., 2006 ；胡玉正等，2009）。

意识体验

讲一个人的意识体验，通常是指他主观上体验到什么。意识体验都有内容，例如一个人看红色的物体，会有红色的主观体验。一个人受到针刺，会有疼痛的主观体验。人有许多不同种类的主观体验，包括认知方面的主观体验、情感方面的主观体验、意向方面的主观体验等。对于不同强度的刺激，个体会有不同强度的主观体验。意志和自我控制是意识的一个重要方面。

在《脑功能原理》一书中，我们对意识体验的实验事实进行归纳，得到意识体验的一些规律，如关于意识体验的涌现条件、意识体验的激活表达、意识体验的强度变化、意识体验的注意控制等规律，并且用脑的四个功能系统学说来说明这些规律的脑基础（唐孝威，2003）。

意识体验的涌现条件规律指出：在其他脑区的共同作用下，当大脑皮层某个专一性脑区的激活水平达到意识临界条件时涌现意识。意识阈值是脑区激活水平的临界值。少数心智活动可以被个体意识到，而多数心智活动则不被个体意识到。那些被个体觉知的心智活动是有意识的，而那些个体未觉知的心智活动称为无意识活动。无意识活动有多种不同的情况，如阈下刺激，即强度在意识阈值以下的物理刺激引起的心智活动以及自动化的行为等。无意识活动是大量存在和并行加工的。有意识活动和无意识活动在一定条件下可以互相转变（唐孝威，2008；宋晓兰等，2009；胡楠荼，2009；周仁来，2009）。

意识体验是脑内四个功能系统联合活动的结果，被觉知的内容是由脑的第二功能系统中大脑皮层的一些专一性脑区表达的。Moutoussis 和 Zeki（2002）的实验表明，一个专一性脑区的激活水平增高后产生觉知。可以认为，当大脑皮层的某个脑区的激活水平达到意识阈值时，这个脑区相应的信息加工就进入意识。但意识涌现不只依赖于大脑皮层某个专一性脑区的激活，而且还要有其他脑区活动的支持和调控（Clark & Squire, 1998）。

在 Dehaene 等人（2001）的实验中，用字作为视觉刺激，测量脑区激活情况。实验的结果是，个体在对刺激进行无意识加工时视觉皮层有激活，而个体在对刺激进行有意识加工时，除了视觉皮层外还有顶叶和额叶等脑区激活。

Sergent 等人（2005）进行过视觉意识的脑电实验，实验中给受试者以极短的时间间隔先后呈现两幅画面，如果时间间隔非常短，受试者集中注意于分辨第一幅画面，对第二幅画面时而看到，即对所见产生意识体验，时而没有看到，即对所见没有意识体验。实验的结果是，在第二幅画面呈现后 96ms 的时间段内，对所见产生意识体验与对所见没有意识体验这两种情况，视觉皮层都出现兴奋。这说明，在无意识体验的情况下，脑可以处理视觉刺激的信息。但是从 276ms 起，这两种情况出现很大的区别。在对所见没有意识体验的情况下，脑区兴奋程度随时间迅速降低，而且兴奋区域并不蔓延。而在对所见产生意识体验的情况下，脑的兴奋区域蔓延开来，激活从视觉皮层转移到额叶皮层，随后转移到额叶前部皮层以及前扣带回，在 436ms 时达到最高值，再过 140ms 后激活转移到顶叶皮层，同时视觉皮层又再次激活。这个实验表明，额叶—顶叶—前扣带回皮层网络是否激活，决定了视觉刺激是否被意识体验到，因此，有意识体验的心智活动涉及额叶—顶叶—前扣带回皮层网络的激活（Sergent, et al., 2005）。

意识体验的激活表达的规律是：意识体验的内容是由大脑皮层专一性脑区的激活来表达。脑功能成像的许多实验表明，某种确定的认知功能定位于大脑皮层特定的区域，不同种类的认知功能分别定位于大脑皮层的不同区域（Posner & Raichle, 1997）。人体的感觉功能在大脑皮层上有精确的定位，躯体各个部分的感受器，分别投射到大脑皮层感觉区的特定区域。与此类似，人体的运动功能在大脑皮层上也有精确的定位，大脑皮层有与运动有关的特定区域，分别控制躯体各个部分的运动。

大脑皮层的不同脑区是不同的意识体验内容的代表区，而这些功能专一性的脑区并不是孤立的，它们之间的相互联结构成脑内复杂的网络。脑内网络激活的动态模式（pattern）相应于意识体验内容的变动。多个脑区的协调整合活动导致全局性的意识体验（Baars, 1997；宋晓兰、唐孝威，2008）。

意识体验的强度变化的规律是：意识体验的强度随着大脑皮层专一性脑区激活水平的提高而增加。外界环境的物理刺激信号引起个体神经兴奋和脑区激活；环境中不同强度的物理刺激，引起个体脑内相关脑区发生不同程度的激活，同时个体产生不同强度的主观体验。在一定范围以内，脑区激活水平超过意识阈值越大，个体对意识内容的体验强度也越大。然而意识体验有适度性，如果脑区的激活水平反常的高，例如癫痫病人发作时的情况，就没有正常的意识体验（汪云九等，2001）。

激活水平低于意识阈值的脑区活动没有进入意识，它们是脑内的无意识活动。对于同一个脑区来说，脑区的激活水平不同时，无意识活动的程度不同（唐孝威，2008）。

意识体验注意控制的规律是：注意的作用是增强大脑皮层有关脑区的激活水平，使相应的脑区信息加工进入意识，同时抑制其他脑区的活动。人在同一时刻选择性地注意感兴趣的事物而不注意其他，同一时刻大量地输入信息并不都产生意识体验，只有少数被选择注意的信息产生意识体验。

脑电实验表明，注意使得与个体注意的内容相应的脑电信号得到加强。脑功能成像实验也表明，注意使得与注意的内容相关的脑区的激活水平提高；原来激活水平较低的脑区，当其相应的内容受到注意时，脑区的激活水平提高（Corbetta, et al, 1993，1995）。在注意时还有基底神经节和前扣带回脑区的激活（Posner & Raichle, 1997）。

一定脑区的激活水平除决定于相应刺激的强度外，还受到注意的控制。在通常情况下，大脑皮层许多脑区的激活水平较低，这些脑区的信息加工不会进入意识。只有那些激活水平高而且达到意识阈值的相应的信息加工才能进入意识。注意的作用是使与注意内容相关的一定脑区的激活水平得到提高，从而使其信息加工进入意识，它们产生意识体验；同时使不被注意的其他项目相关脑区的激活受到抑制，不能进入意识，它们不产生意识体验（Desimone & Duncan, 1995）。

以上讨论了意识体验的一些规律，下面再指出意识体验的一个特点——主观性。意识体验的内容来源于客观环境，但是意识体验是个体的主观体验。个体对自己意识体验的内容有直接的感受，而对别人意识体验的内容则只能通过间接方法来了解。个体主观的意识体验不仅有对事物或事件的感知，而且有对事物或事件意义的理解。个体对自我的意识体验包括过去经历的回忆，当前活动的认知，以及未来发展的预测等。

脑的活动机制有物质运输、能量代谢、信息传递等过程。脑内信息加工的基础是神经电活动和化学反应，它们产生电信号和化学信号。脑内物质输运过程、能量代谢过程、神经电活动、化学反应等都是物理学、化学、生物学过程，它们是客观的事件。脑内的物理学、化学、生物学过程为什么会引起意识体验？脑内这些客观事件是怎样引起主观的意识体验的？这些问题还有待研究。有些学者把脑活动的客观性和意识的主观性的关系问题称为意识的难问题（Chalmers, 1996）。

意识现象，包括意识状态和意识体验，都具有多样性。在意识状态方面，随着人的生理状况的改变，意识状态会发生变化，例如正常人在睡眠——觉醒周期中处于不同的意识状态，而脑的疾病又会导致不正常的意识状态（Hobson, 1999）。在意识体验方面，千变万化的外界刺激产生丰富多彩的意识体验，这些意识体验存在个体差异和情境差异。不同的个体对同样的物理刺激产生的主观体验可以有很大差别，在不同的情境下，同一个个体对同样的物理刺激产生的主观体验也有很大的、依赖于情境的差别。这些都说明，意识现象是非常复杂的。

参考文献

Baars, B. 1997. *In the theater of consciousness* [M]. New York: Oxford Univ. Press.

Block, N., et al. (eds). 1997. *The nature of consciousness* [M]. Cambridge MA: MIT Press.

Chalmers, D. 1996. *The conscious mind: In search of a fundamental theory* [M]. Oxford: Oxford Univ. Press.

Clark, R., Squire, L. 1998. Classical conditioning and brain system, the role of awareness[J]. *Science*, 280: 77.

Corbetta, M., et al. 1993. A PET study of visuospatial attention[J]. *Journal of Neuroscience*, 13: 1202.

Corbetta, M., et al. 1995. Superior parietal cortex activation during spatial attention shifts and visual feature conjunction[J]. *Science*, 270: 802.

Crick, F., Koch, C. 1998. Consciousness and neuroscience[J]. *Cerebral Cortex*, 8: 97.

Crick, F., Koch, C. 2003. A framework for consciousness[J]. *Nature Neuroscience*, 6: 119.

程邦胜，唐孝威 . 2003 . 意识问题的研究与展望 [J]. 自然科学进展，14 ；241.

Dehaene, S., et al. 2001. Cerebral mechanisms of word masking and unconscious repetition priming[J]. *Nature Neuroscience*, 4: 752.

Dennett, D. 1991. *Consciousness explained*[M]. New York: Little Brown.

Desimone, R., Duncan, J. 1995. Neural mechanisms of selective visual attention[J]. *Annual Review of Neuroscience*, 18: 193.

狄海波 . 2009 . 植物状态患者的意识评估 . 载于唐孝威，黄华新主编 . 语言与认知研究（第四辑）[M] . 北京：社会科学文献出版社 .

Edelman, G.2003. Neutralizing consciousness: A theoretical framework[J]. *Proc. Natl. Acad. Sci. USA*, 100: 5520.

Hobson, J. 1999. *Consciousness*[M]. New York: Scientific American Library/ Freeman.

胡楠荼 . 2009 . 从意识论到扩展的全局工作空间理论 . 载于唐孝威，黄华新主编：语言与认知研究（第四辑）[M]. 北京：社会科学文献出版社 .

胡玉正等 . 2009 . 脑内能量消耗及其与意识状态的关系 . 载于唐孝威，黄华新主编：语言与认知研究（第四辑）[M] . 北京：社会科学文献出版社 .

James, W. 1890. *The principles of psychology*[M]. New York: Henry Holt.

Kandel, E. 2000. From nerve cells to cognition: the internal cellular representation required for perception and action[J]. In Kandel E. et al.(Eds) *Principles of neural science(4th edition)*. New York: McGraw-Hill.

Luria, A. 1973. *The working brain: an introduction to neuropsychology*[M]. New York: Basic Books.

Laureys, S., et al. 2004. Brain function in coma, vegetative state and related disorders[J]. *Lancet Neurol*, 3(9): 537.

Metzinger, T(ed). 1999. *The neuronal correlates of consciousness*[M]. Cambridge MA: MIT Press.

Moutoussis, K., Zeki, S. 2002. The relationship between cortical activation and perception investigated with invisible stimuli[J]. *Proc. Natl. Acad. Sci. USA*, 99: 9517.

Posner, M., Raichle, M. 1997. *Images of mind*[M]. 2nded. New York: Freeman.

Raichle, M., Mintun, M. 2006. Brain work and brain imaging[J]. *Annu. Rev. Neurosci*, 29: 449.

Sergent, C., et al. 2005. Timing of the brain events underlying access to consciousness during the attentional blink[J]. *Nature Neuroscience*, 8: 1391.

Schwartz, J. 2000. Consciousness and the neurobiology of the twenty-first century[J]. In Kandel E. et al.(Eds) *Principles of Neural Science* (4th edition). New York, McGraw-Hill.

宋晓兰，唐孝威 . 2008 . 意识全局工作空间的扩展理论 [J]. 自然科学进展，18 (6)：622.

宋晓兰，陶丽霞 . 2009 . 冰山下的力量——无意识加工浅析 . 载于唐孝威，黄华新主编 . 语言与认知研究（第四辑）[M]. 北京：社会科学文献出版社 .

唐孝威 . 2003 . 脑功能原理 [M]. 杭州：浙江大学出版社 .

唐孝威 . 2004 . 意识论——意识问题的自然科学研究 [M]. 北京：高等教育出版社 .

唐孝威，黄秉宪 . 2003 . 脑的四个功能系统学说 [J]. 应用心理学，9 (2)：3.

唐孝威，孙复川 . 2001 . 脑激活水平和主观体验程度的定量关系 [J]. 应用心理学，7：41.

唐孝威 . 2008 . 心智的无意识活动 [M]. 杭州：浙江大学出版社 .

Tononi, G., Edelman, G. 1998. Consciousness and complexity[J]. *Science*, 282: 1846.

Weiskrantz, L. 1999. *Consciousness lost and found*[M]. Oxford: Oxford Univ. Press.

汪云九等 . 2001 . 意识的计算神经科学研究 [J]. 科学通报 , 46：1140.

周仁来 . 2009 . 阈下知觉研究中觉知状态测量方法的发展与启示 . 载于唐孝威，黄华新主编 . 语言与认知研究（第四辑)[M]. 北京:社会科学文献出版社 .

本文是作者为《意识科学概论》一书写的第一章初稿

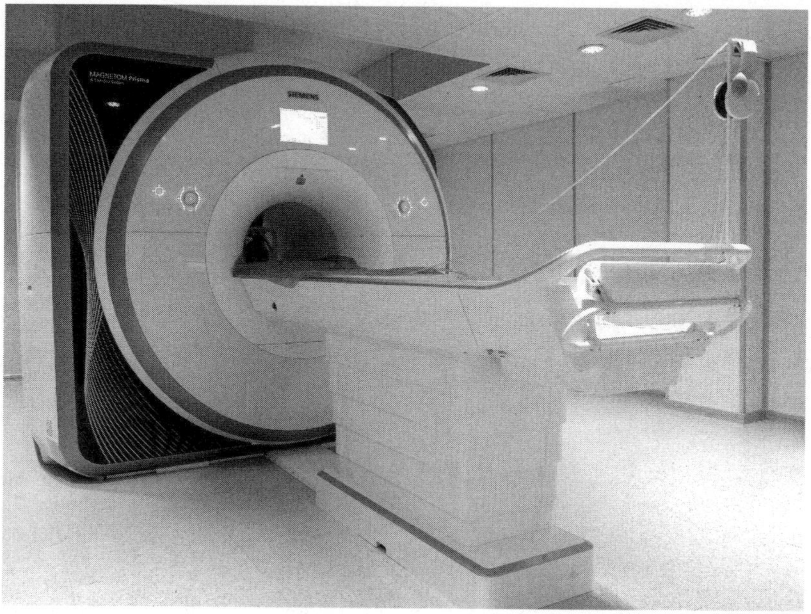

浙江大学脑影像科学技术中心 3T 人体磁共振成像系统

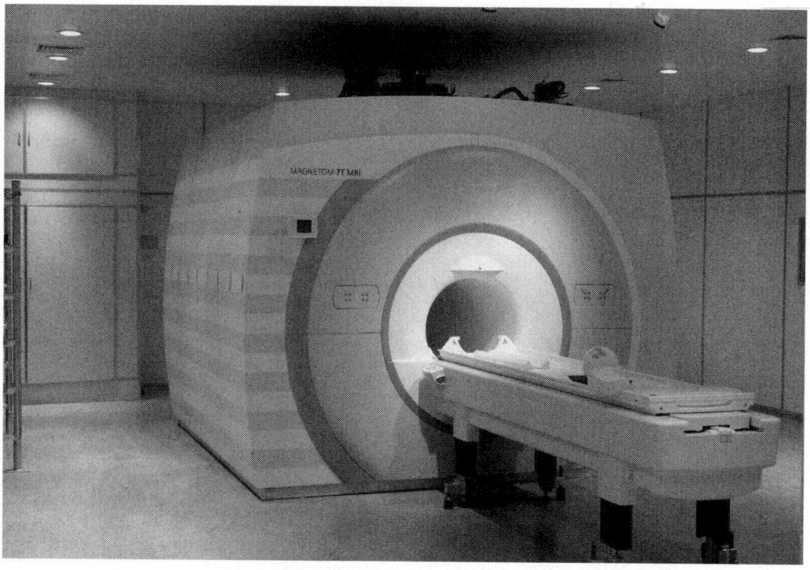

浙江大学脑影像科学技术中心 7T 人体磁共振成像系统

意识的特性

意识是重要的心智现象。心智活动的物质基础是脑，心智是脑的功能。

意识的一个特性是：人的意识不能离开脑，正常的脑活动产生正常的意识。如果个体的脑受到损伤，个体的意识活动会发生障碍。如果个体的脑死亡，个体的意识活动便终止。

意识的另一个特性是：意识包括有意识的活动和无意识的活动。人的心智活动是有意识活动和无意识活动的集成。个体脑内进行着大量的无意识活动，脑内加工的有意识项目和无意识项目之间会互相转变。

意识的又一个特性是意识的集成性。意识是非常复杂的现象。后面“意识的集成”和“意识集成论”两篇文章会讨论意识活动中的多层次、多方面的集成现象。

在有意识的活动方面，意识的一个特性是个体的主观体验，即个体的第一人称体验。前面“意识现象”和后面“意识的集成”两篇文章，谈到了主观体验的许多特性。

主观体验有主观的特性、整体的特性、能动的特性、自我的特性、复杂的特性、流动的特性等。其中要强调的是有意识活动的“一性”，即在同一时刻只有一个项目进入意识，脑内有意识项目的信息加工是串行加工的。

下面谈谈意识和感觉、知觉、记忆、注意、思维、语言、情感、意向等许多心智过程的关系。这些心智过程有时是有意识地进行的，更多是无意识地进行的。意识还和个体的动作、行为等有关。

外界事物作用于个体的感觉器官，感知觉是意识的基础。心理学中把感觉定义为外界事物在脑内产生的关于事物属性的认识，把知觉定义为在脑内产生的关于事物整体的认识。在有意识的感知觉过程中，个体对事物属性和整体性质有主观体验。

心理学中把记忆定义为脑对外界输入信息进行编码、存储和提取的过程。工作记忆是加工当前信息的短时程的记忆。个体在清醒时对工作记忆中的信息进行有意识的加工，还能够报告相应的主观体验。

意识和长时记忆有密切的关系。长时记忆能够长时间存储和提取信息。个体在有意识地提取长时记忆信息时，对回忆起的情境或语义都有主观体验，而且理解它们的意义。如果个体完全失去记忆，就表现为严重的意识障碍。

在心理学中，注意的定义是心理活动对一定认知对象的选择、指向和集中。注意不同于意识，但注意对意识活动是必需的。例如，脑内许多无意识项目竞争注意资源，获得注意资源而胜出的无意识项目进入意识。

心理学认为，思维是脑对信息进行分析、综合、比较、抽象、概括的过程。人有有意识的思维活动，还有无意识的思维活动。在有意识的思维过程中，个体有意识地进行推理和解决问题，个体对相关的思想内容有主观体验，而且了解这些内容的意义。

心理学认为，语言是个体交流思想的符号系统。个体能有意识地理解语言和产生语言，语言是报告、听取、理解和交流的过程。个体有意识的主观体验可以通过语言和他人进行交流。

在心理学中，情绪和情感是指人对客观事物的态度体验以及相应的行为反应。个体有有意识的情绪和无意识的情绪。有意识的情绪表现为对自我心境的好坏有主观体验，还能够主动调控自己的情绪。无意识的情绪也会影响个体的心理和行为。

个体对自己的活动有意向，个体有有意识的意向和无意识的意向。个体能有意识地进行预测和计划。有意识的意向能支配和调节行为，还能通过采取措施、克服困难来实现预定的目标。无意识的意向也会影响个体的心理和行为。

个体的行为是由心智活动决定的。意识与行为有关，个体的行为包括有意识的行为和无意识的行为。在有意识的行为过程中，个体有意识地支配自己的行为，并且对自己的行为有主观体验。个体会自动地进行无意识的行为。

意识的集成

意识是复杂的心智现象，意识的集成是复杂的心理集成现象中的一种。对于意识的集成，要从许多不同的方面进行研究。意识状态和意识体验是意识的两个重要方面，本文从意识状态的集成和意识体验的集成两个方面的集成过程考察意识的集成。

Searle（2000）在讨论意识的特性时说，意识具有一系列性质，如定性性质、主观性质、统一性质和流动性质等。意识的定性性质是指个体有意识状态时总有一个特定的定性体验，意识的主观性质是指个体有意识状态是个体主观的体验，意识的统一性质是指个体的意识体验是整体的体验，意识的流动性质是指个体的意识体验随时间不断的更新。

从意识集成的观点来看，意识的主观性质、统一性质和流动性质都与意识的集成密切相关。意识的整体体验是意识集成的结果，而意识体验的流动性质是意识集成的过程，意识的主观性质则说明意识集成是在个体心脑系统内部的集成现象。

由于意识状态非常复杂，对意识状态有不同的定义。在前面“意识现象”一文中，把意识状态与觉醒程度联系起来，因而分为清醒、睡眠、昏迷、麻醉状态、意识障碍等不同的意识状态。在本文中则把意识状态看作是意识的不同能态，因而分为有意识、无意识、潜意识等不同的意识状态。

从意识状态的角度考察意识活动，意识的意识状态是由有意识、无意识、潜意识等各种意识状态集成的。心智活动包括有意识活动和无意识活动，心智结构中还有潜意识成分（唐孝威，2008）。

我们可以按脑内信息加工的内容是否进入个体意识，而把脑内信息加工分为个体有意识的信息加工和个体无意识的信息加工。脑内信息加工过程进入个体意识而被个体觉知的，称为有意识的信息加工，它们参与有意识的认知活动，是外显的信息加工。脑内信息加工过程不进入个体意识而不被个体觉知的，称为无意识的信息加工，例如脑内有许多信息加工过程，由于加工过程中相应的脑区激活水平低于意识阈值，就不能进入个体意识。虽然无意识的信息加工不被个体觉知，但是它们也参与认知活动，是内隐的信息加工（唐孝威，2004）。

此外，脑内有些信息加工过程，因为相关的神经活动与觉知系统没有联系，所以它们不可能被个体所觉知。例如脑内信息的储存过程、脑内信息的传递过程，以及脑内信息加工的步骤等。它们称为“非意识”的神经活动。脑内专一性的信息是由相应的脑区储存的，当相应的脑区未被激活时，这些信息未被提取，也未被加工。脑内信息处于储存但未被提取加工的状态，称为“潜意识”状态（唐孝威，2008）。

上面所说的有意识、无意识和潜意识都是意识状态。这里对无意识和潜意识的定义与有些研究者的定义不同，有些研究者把这里说的无意识活动称为潜意识或下意识，而把这里说的潜意识状态称为记忆痕迹。

在《意识论——意识问题的自然科学研究》（唐孝威，2004）一书中，我们把不同的意识状态看作是意识的不同能态。潜意识是意识的基态，无意识活动是脑区激活后、水平在意识阈值以下的低激发态，有意识活动是脑区激活水平在意识阈值以上的高激发态。

整体的意识状态是意识的基态、低激发态和高激发态的集成。在一定条件下，这些不同的能态间发生跃迁，例如信息的有意识提取是意识基态到高激发态的跃迁，信息的无意识加工转变为信息的有意识加工是意识低激发态到高激发态的跃迁，信息的有意识加工转变为信息的无意识加工是意识高激发态到低激发态的跃迁，等等。在 Baars（1988）提出的意识全局工作空间理论、Dehaene（2001）提出的意识的神经全局工作空间理论和我们提出的扩展的意识全局工作空间理论（宋晓兰、唐孝威，2008）中，都讨论了无意识活动进入全局工作空间而成为有意识活动的过程。

作为复杂心理现象的意识是有内部结构的，意识体验有一些基本的要素，如意识觉醒、意识内容、意识指向和意识情感。大量的实验事实表明，意识与觉醒相联系，意识活动具有内容，意识过程还伴随着意向和情感。这四个意识要素分别反映意识体验的重要特征，它们都有心理学的意义。从意识体验的角度考察意识活动，整体的意识体验是由意识觉醒体验、意识内容体验、意识指向体验和意识情感体验等各种意识体验集成的。我们在《意识论——意识问题的自然科学研究》（唐孝威，2004）中曾对意识要素进行过讨论。

意识觉醒是意识体验的一个要素。意识具有主观性，意识体验是个体的主观体验，而个体在觉醒状态时才会有各种主观体验。意识觉醒有不同程度，它反映一定时刻个体意识体验的强度。个体不但能体验到自己是否觉醒，而且能体验到自己的觉醒程度。因为一定的觉醒状态是意识活动的基础，所以意识觉醒是意识体验的要素之一，这个要素称为意识觉醒要素。

个体的意识觉醒要素和生理状况有关，受个体生理状况的制约。例如意识觉醒程度有昼夜的节律性变化，在清醒时和睡眠时，个体的觉醒程度不同，觉醒程度还会随着个体身体生理状况而变化。

意识体验具有整体性，意识觉醒要素描述个体意识体验的整体状况。意识体验具有流动性，个体意识觉醒程度是变动着的，某一时刻个体意识觉醒程度是这一时刻的特性，它反映的是这一时刻附近的一定时间间隔内觉醒程度的平均水平。觉醒是觉知的必要条件，意识觉醒还和意识体验的其他要素有关。

意识内容是意识体验的另一个要素。个体不但能知道自己是否有觉知，而且还能知道自己觉知的是什么或觉知了什么。个体觉知的是什么或觉知了什么，就是个体主观体验的具体内容。个体在这些意识体验的基础上，还能进一步知道自己觉知的内容所具有的意义。

意识内容包括进入意识的事件和知识等。个体意识体验的具体内容是多种多样的，例如体验某种过程或某种情景，又如体会某种观念或某种思想。无论个体觉知的是事物、事件还是知识，它们都有具体的内容，这些内容有心理学的意义。因为意识体验总是包含具体的内容，所以意识内容是意识体验的要素之一。

意识是不断变动的，意识内容不断变动，它们表示在某一时间进入个体意识体验的内容，也就是在这一时间个体意识体验到的具体内容。意识内容是信息，意识内容的变动形成脑内的信息流。在意识内容中有脑内加工的各种信息，即心理活动的内容。除脑接收的输入信息和相应的主观体验外，意识体验的内容还包括对信息意义的理解。在意识内容中还有脑发出的输出信息，即支配的动作内容。

个体的意向和情感都包括信息，它们也构成广义的意识内容，但是意识内容要素讨论的是事物、事件和知识方面的信息以及对这些信息意义的理解，它们和意向、情感有区别。因此，除意识内容要素之外，把意识指向要素和意识情感要素列为意识体验的另外两个要素。

意识指向是意识体验的一个要素。意识有指向性或意向性。个体的意识体验导致个体有进一步的意向，特别是在了解所体验内容的意义的基础上，个体的意向更加明确。意识内容是不断流动的，意识指向促进意识内容的流动，使这一个时刻的意识内容转到下一时刻的意识内容。这些意识指向使个体给自己提出各种目标和计划，并且促使个体实现能动的活动。个体这种在指向方面的主观体验具有心理学的意义，所以它们是意识体验的要素之一。

意识情感是意识体验的另一个要素。个体除有感觉、感知和意向方面的意识体验外，还有情绪和情感方面的意识体验，心理学中把时程较短的感情称为情绪，把有长时程、稳定性的感情称为情感。情绪和情感方面的意识体验都具有心理学的意义，这种主观体验构成意识的重要组成部分。它们是普遍存在的，所以是意识体验的要素之一。

意识体验的每一种意识要素都包括许多不同的类别和特征。以意识内容要素为例，前面提到有两类意识内容，一类是主观体验的事物和事件的内容，如事物的特性、事件的情景及时间、空间特性等，还有对它们意义的理解；另一类是主观体验的知识内容，如各种知识概念和规律等，还有对它们意义的理解。

意识体验的每一类内容还包含许多具体的特征。在事物的特性和事件的情景方面，可以按感觉通道分为视觉感知的内容、听觉感知的内容、味觉感知的内容、嗅觉感知的内容、触觉感知的内容，等等。意识内容又有单一特征的感知和复合特征的感知，后者是在各种不同的感觉通道之间的特征感知集成的结果。人们讨论最多的是视觉感知的内容，称之为视觉意识（Crick & Koch, 2003; Zeki, et al., 2003），实际上它们只是意识内容的一部分。类似于意识内容要素，意识觉醒、意识指向和意识情感都分别包括各自的类别和特征。例如，意识觉醒要素包括个体不同觉醒程度的特征，意识指向要素包括各种不同指向的特征，意识情感要素包括各种不同情感的特征等。

由于意识具有主观性，意识总是属于个体自我的。与个体自我相联系的意识活动称为自我意识，其中包括四个意识要素中与个体自我相联系的部分。个体的自我意识不但属于个体自我，而且还是涉及个体自我的意识活动，例如与个体自我相联系的意识觉醒、意识内容、意识指向和意识情感。

在自我意识中，自我包括个体自身当前的存在和活动、个体自我过去的经历和个体自我未来的规划等，又包括个体与环境的关系和个体与他人的关系等。个体通过自己当前的存在和活动、自己过去的经历和自己未来的规划以及自己和环境的关系与自己和他人的关系等，来确认个体自我。个体具有自我意识，因而能够认识自我以及自我在环境中的位置（唐孝威，2004）。

意识体验的集成观点不仅着重在心理学方面讨论意识要素及其集成，还在脑的系统水平上讨论意识要素的脑基础和意识要素集成的脑机制。意识体验是意识觉醒、意识内容、意识指向和意识情感这四个意识要素的集成，这四个意识要素对于整体意识都是必需的，缺一不可，只有这样个体觉醒才有意识体验，意识体验总有内容，意识体验总有指向，意识体验必定带有情感的“色彩”。

整体意识具有统一性。意识四个要素不是机械的并列，而是通过它们之间的相互作用集成为整体的意识。在四个意识要素之间有密切的联系。意识的四个要素中最基本的要素是意识觉醒要素，它为意识的其他三个要素提供支持，而意识的其他三个要素都会影响意识觉醒。

意识内容要素和意识情感要素之间的密切联系表现为：意识内容经过脑内分析和评估，评估的结果支配意识情感。而意识情感则对脑内信息加工过程起调制作用，从而影响觉知的意识内容。意识内容要素和意识指向要素之间的密切联系表现为：意识内容经过脑内的评估和抉择，形成意识指向，而意识指向则指导信息获取、选择和加工的过程，从而影响觉知的意识内容。意识情感要素和意识指向要素之间的密切联系表现为：意识情感影响意识指向的形成和发展，而意识指向则使意识情感发生转移和变化（唐孝威，2004）。

参考文献

宋晓兰，唐孝威 . 2008 . 意识全局工作空间的扩展理论 [J]. 自然科学进展，18 (6)：622.

唐孝威 . 2004 . 意识论——意识问题的自然科学研究 [M]. 北京：高等教育出版社 .

唐孝威 . 2008 . 心智的无意识活动 [M]. 杭州：浙江大学出版社 .

Baars, B. 1988. *A cognitive theory of consciousness*[M]. New York: Cambridge Univ. Press.

Crick, F., Koch, C. 2003. A framework for consciousness[J]. *Nature Neuroscience*, 6: 119.

Dehaene, S. 2001. *The cognitive neuroscience of consciousness*[M]. Massachusetts:

The MIT. Press.

Searle, J. 2000. Consciousness[J]. *Annual Review of Neurosience*, 23: 557.

Zeki, S., et. al. 2003. The disunity of consciousness[J]. *Trends in Cognitive Sciences*, 7(5): 214.

本文是作者的《一般集成论：向脑学习》书中的一节

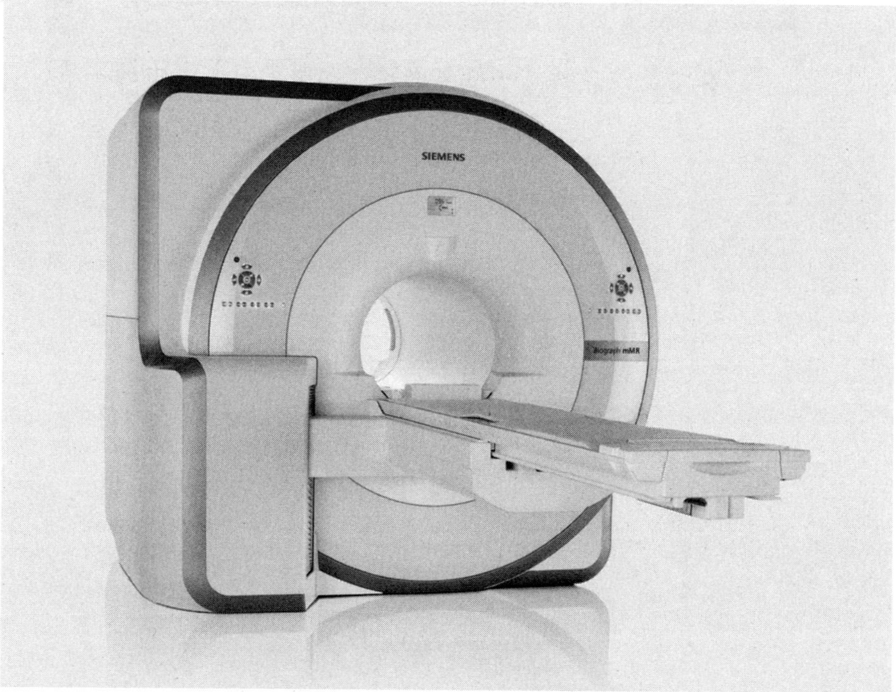

一体化正电子发射－磁共振成像系统

该系统集成了 3T 磁共振成像系统（MRI）及与磁共振兼容的正电子发射成像系统（PET），实现了 PET 与 MRI 同床位等中心同步成像以及 MRI 与 PET 的独立成像。

（出处：https://www.healthcare.siemens.com.cn/magnetic-resonance-imaging/mr-pet-scanner/biograph-mmr）

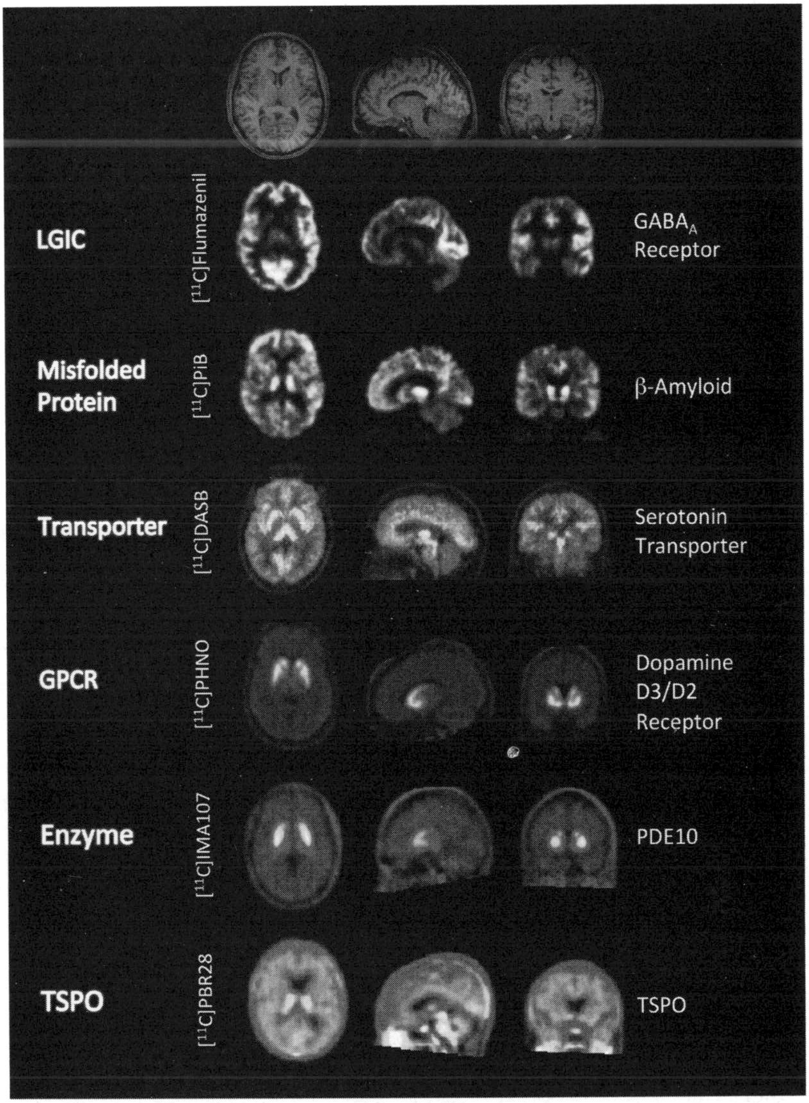

人脑蛋白质分子的 PET 图像

对人脑中不同类型的蛋白质分子，用不同的探针进行 PET 成像。图中第一行是磁共振 T1 图像，第二行至第七行分别是：$GABA_A$ 受体蛋白、β-淀粉样蛋白、血清素转运蛋白、多巴胺 D2/D3 受体蛋白、磷酸二酯酶 -10、外周型苯二氮卓受体转运蛋白的 PET 图像。

（出处：Roger N Gunn，2015，doi:10.1088/0031-9155/60/22/R363）

心智的涌现研究

研究心智与脑的心—脑科学（mind and brain sciences）是当代科学技术领域的一个重要前沿。心—脑研究是一个异常交叉的庞杂领域，心—脑研究包含多个层次，涉及诸多学科，但在这些不同学科之间存在着一些有形和无形的隔阂。某种程度上，这些隔阂成了心—脑研究中的科学壁垒，成了心—脑科学发展中的障碍。

E. R. Kandel 和 L. Squire 曾经讨论过怎样拆除心—脑研究中的科学壁垒的问题。在一篇回顾脑与心智研究历史的论文中，他们认为，拆除心—脑研究中的科学壁垒的办法是心—脑科学的还原论研究，并且提出，心—脑科学未来的研究方向是在分子和细胞水平上了解心智的过程。

从他们那篇文章发表至今已经过去了十多年。这十多年的研究工作表明，在分子和细胞水平上研究脑的功能以及脑的疾病，确实取得了许多进展。但是在用还原论方法在分子和细胞水平上研究心智的过程中，未必就能有效地拆除心—脑研究中的科学壁垒。

早在 20 世纪 70 年代，P. W. Anderson 就提出过在物理学中用涌现（emergence）取向进行研究的重要性。他在一篇文章中说：“还原论绝不意味着重建。有能力把每一种事物还原到简单的基本定律，并不意味着能够从这些定律出发重建宇宙的图景。事实已经表明，庞大而复杂的基本粒子聚集体的行为，是不可能由少量粒子的性质作简单的外推来理解的。要理解聚集体的新行为，必须进行新的、同样具有基础性的研究。”

当时 P. W. Anderson 讨论的是有关物理学研究中还原论取向的不足之处。现在，在心—脑科学研究中存在着类似的问题。我们认为，心—脑是非常复杂的体系，仅仅在分子和细胞水平上进行研究，不足以全面地了解复杂、高级的心智过程，还需要引入集成（integration）和涌现的观点进行研究。

心—脑具有层次性结构。心智的不同层次有相应的神经相关物。在不同层次的心—脑集成过程中，会涌现出较低层次所不具备的新特性。复杂的、高级的心智活动是在整体心智的层次上涌现的性质。心—脑科学的研究要在应用还原论方法之外，同时进行心—脑的涌现研究，才能够有效地拆除心—脑研究中的科学壁垒，促使心—脑科学更好发展。

参考文献

Kandel, E. R., Squire, L. R. 2000. Neuroscience: Breaking down scientific barriers to the study of brain and mind[J]. *Science*, 290(5494): 1113.

Kandel, E. R., et al., ed. 2012. *Principles of Neural Science*[M]. 5th edition. McGraw-Hill.

Anderson, P. W. 1972. More is different[J]. *Science*, 177(4047): 393.

唐孝威 . 2011 . 一般集成论：向脑学习 [M]. 杭州：浙江大学出版社 .

本文原载刘晓力主编:《心灵—机器交响曲》,

北京：金城出版社 2014 年版

意识集成论

《意识论——意识问题的自然科学研究》一书提出意识的一个理论框架。在此基础上，意识集成论认为，在意识活动中存在多方面的集成现象，包括脑的结构集成、脑的功能集成、脑的信息集成、脑的心理集成等，以及与意识有关的身心集成、心理和环境集成等。要用一般集成论观点从多个方面考察意识的特性，同时对意识理论框架中的意识规律加以具体化。本文在这方面作一些简单的说明。

1. 意识集成论从脑的心理集成方面考察意识的特性。意识结构的规律是：意识具有内部结构，意识是由意识觉醒、意识觉知、意识指向和意识情感四个要素以及它们之间的相互作用组成的整体的心理活动。

意识包括觉醒（状态）和觉知（内容）等成分。以觉醒成分说，个体不同的觉醒程度决定了个体不同的意识状态。以觉知成分说，个体对不同事物的觉知可以有不同的觉知内容，即不同的主观体验，且对特定的觉知内容可以有不同的觉知程度，即主观体验的不同强度。

从实验资料归纳总结出关于意识觉知的心脑关系公式：个体对特定信息的主观体验强度 C 正比于脑内意识的神经网络的特征参量 a（称为

意识通达度和大脑皮层加工特定信息的相关脑区的激活水平 A 的乘积。

$$C=aA \quad (1)$$

式中 C 是第一人称数据，A 是第三人称数据。此式把第一人称数据和第三人称数据联系起来，特征参量 a 具有生理量—心理量转换的量纲。

大脑皮层不同脑区分别加工不同种类的信息。个体对不同觉知内容的主观体验强度 C_i 和大脑皮层加工不同信息的脑区的激活水平 A_i 相对应。

$$C_i=aA_i$$

2. 意识集成论从脑的结构集成及脑的功能集成方面考察意识的特性。意识基础的规律是：意识的四个要素分别以脑的四个功能系统为基础。意识的脑机制是脑的四个功能系统的诸多脑区激活、相互作用以及协调活动的过程。

实验表明，脑内意识的神经网络包括意识觉醒的支持系统（主要是脑干网状结构系统还有髓板内核）、意识内容的编码—表征系统（主要是大脑皮层加工信息的相关脑区的系统）、意识活动的控制—调节系统（主要是注意控制系统）和意识活动的全局传播系统（主要是丘脑—大脑皮层网络和大脑皮层顶叶—前额叶网络）。它们都是脑的四个功能系统中与意识有关的子系统，这些子系统集成为脑内意识的神经网络，是脑内意识的神经相关物。

脑内意识的神经网络的特征参量 a 等于意识网络的几个特征量（α，β，γ）的乘积：

$$a=\alpha\cdot\beta\cdot\gamma\cdot\nu \quad (2)$$

其中 α 是意识的神经网络的支持系统的活动度，表示意识觉醒的支持系统对意识的神经网络的支持特征。α 在0到1间取值。β 是意识活动的全局传播度，表示意识活动全局传播系统的传播特征。β在0到1间取值。γ是注意控制增强系数，表示意识活动的控制—调节系统对大脑皮层脑区激活的增强或抑制的特征。γ取大于或等于零的值。γ<1时抑制，γ>1时增强。经过控制—调节，脑区激活水平为：$A_i^{'}=\gamma A_i$。v是量纲和单位的转换系数。

本文把与意识的神经网络相关的脑内结构和功能的机制简称为意识的 α—β—γ—A 机制。

3. 意识集成论从脑的功能集成及脑的信息集成方面考察意识的特性。意识过程的规律是：在相关脑区的支持和调控下，当大脑皮层某个脑区的激活水平达到意识阈值时，其信息加工进入意识。意识涌现过程和意识流过程都是许多脑区激发态之间竞争、选择的过程，意识流过程是脑区激发传播的动力学过程。

意识涌现的必要和充分条件是：控制增强系数 $\gamma>1$ ；大脑皮层加工信息的相关脑区激活经控制系统增强后，激活水平 A' 达到（或超过）意识阈值 Ac ；意识的神经网络的支持系统的活动度 $\alpha>0$ ；意识活动的全局传播度 $\beta>0$。即

$$A' \geqq Ac，\alpha>0，\beta>0，\gamma>1 \tag{3}$$

当脑内激活没有达到意识涌现条件时，脑内也有信息加工，但它们是无意识的，而意识涌现后脑内信息加工是有意识的。

正常人在清醒时 $\alpha>0$，

当 $A<Ac$，$\beta=0$，$\gamma<1$，脑的活动未达到意识涌现的阈值时，

$$C=0 \tag{4}$$

这是无意识活动的情况。

如 $A' \geqq Ac$，$\beta>0$，$\gamma>1$，脑的活动达到意识涌现的阈值时，

$$C=aA \quad (5)$$

这是有意识活动的情况。

个体除有意识活动外，还无意识地进行着大量认知活动和行为。

在有意识活动中，脑内信息传递的方向是：从意识内容的编码—表征系统传向意识活动的控制—调节系统，经过控制—调节系统的选择性增强后，传送到意识活动的全局传播系统，信息在全局传播系统中多次振荡而扩展，信息会再次进入（reentry）大脑皮层的信息加工脑区，并产生意识的主观体验，然后传播过程终止。

意识活动的全局传播系统的活动受意识觉醒的支持系统的支持。全局传播系统的活动与意识觉醒系统的紧密耦联，是产生意识主观体验的重要机制。意识的编码—表征系统中加工不同种类信息的脑区发送不同内容的信息，并在全局传播系统中多次振荡而扩展，又再次进入大脑皮层信息加工脑区，分别产生不同内容的意识主观体验。

心智游移的研究表明：个体在清醒时的有意识活动形成意识流，其中交替地进行着外界环境信息的加工或内源性信息的加工。

4. 意识集成论从与意识有关的心身集成、心理和环境集成等方面考察意识的特性。意识发展的规律是：个体意识随着个体脑的发育过程而有发生、发展、衰退和终止的历程。个体意识是在先天遗传基础和后天环境作用中发展的。

对个体来说，由于脑的可塑性，脑内意识的神经网络的特征参量 a 是时间 t 的函数，t 指个体一生中意识的神经网络发生、发展、衰退、终止的时间历程。

脑和外界环境不断相互作用。外界环境的物理刺激 P 在感受器处形成神经脉冲，引起脑内加工信息的相关脑区激活。实验表明，特定脑区的激活水平 A 正比于物理刺激强度 P 的对数值。将此代入（1）式就得到心理物理学中感觉的主观体验强度 C 和物理刺激强度 P 之间的心物关系公式：

$$C=k\lg P \quad (6)$$

式中k是包含特征参量a的比例系数。（6）式中C是心理量，P是物理量。此式把心理量和物理量联系起来。

人脑是长期进化的产物。人类并不是自然界中唯一拥有意识的生物。根据前面的讨论可以认为，若一种生物的脑结构和脑功能进化到具备前述的意识的 $\alpha—\beta—\gamma—A$ 机制的程度，这种生物就有意识，当然意识内容的复杂程度随着进化水平而不同。

参考文献

唐孝威 . 2004 . 意识论——意识问题的自然科学研究 [M]. 北京：高等教育出版社 .

唐孝威 . 2011 . 一般集成论：向脑学习 [M]. 杭州：浙江大学出版社 .

唐孝威 . 2003 . 脑功能原理 [M]. 杭州：浙江大学出版社 .

Saper, C. 2013. Brain stem modulation of sensation movement and consciousness[J]. In: Kandel E. et al. *Principles of Neural Science*. McGraw-Hill.

Kandel, E.2013. From nerve cells to cognition: The internal cellular representation required for perception and action[J]. In Kandel E. et al. *Principles of Neural Science*. McGraw-Hill.

Posner, M. 2012. Attentional networks and consciousness[J]. *Frontiers in Psychology*, 3: 64.

Goll, Y., et al. 2015. Attention: the claustrum[J]. *Trends in Neurosciences*, 38(8): 486.

Edelman, G., Tononi, G. 2000. *A Universe of Consciousness: How Matter*

Becomes Imagination[M]. New York: Basic Books.

Dehaene, S., et. al. 2003. A neural network model linking subjective reports and objective physiological data during conscious perception[J]. *PNAS*, 100: 8520–8525.

Dehaene, S. 2014. *Consciousness and the brain: Deciphering how the brain codes our thoughts*[M]. New York: Penguin.

Baars, B. 1988. *A Cognitive Theory of Consciousness*[M]. Cambridge University Press.

Crick, F., Koch, C. 2003. A framework for consciousness[J]. *Nature Neuroscience*, 6(2): 119–126.

宋晓兰 , 唐孝威 . 2012 . 心智游移 [M]. 杭州：浙江大学出版社 .

Sokoloff, L. 1984. Metabolic probes of central nervous system activity in experimental animals and man[J]. Massachusetts: Sinauer Associates, Inc.

Fechner, G. 1966. *Elements of Psychophysics*[M]. New York: Rinehart and Winston(Original work published 1860).

Eccles, J. 1989. *Evolution of the Brain: Creation of the Self*[M]. London: Routledge.

本文未发表，其中一部分经过修改后以“意识定律”为题在《应用心理学》发表，引为本书附录三，供参考

受试者进行“心理旋转”（mental rotation）的脑电实验。

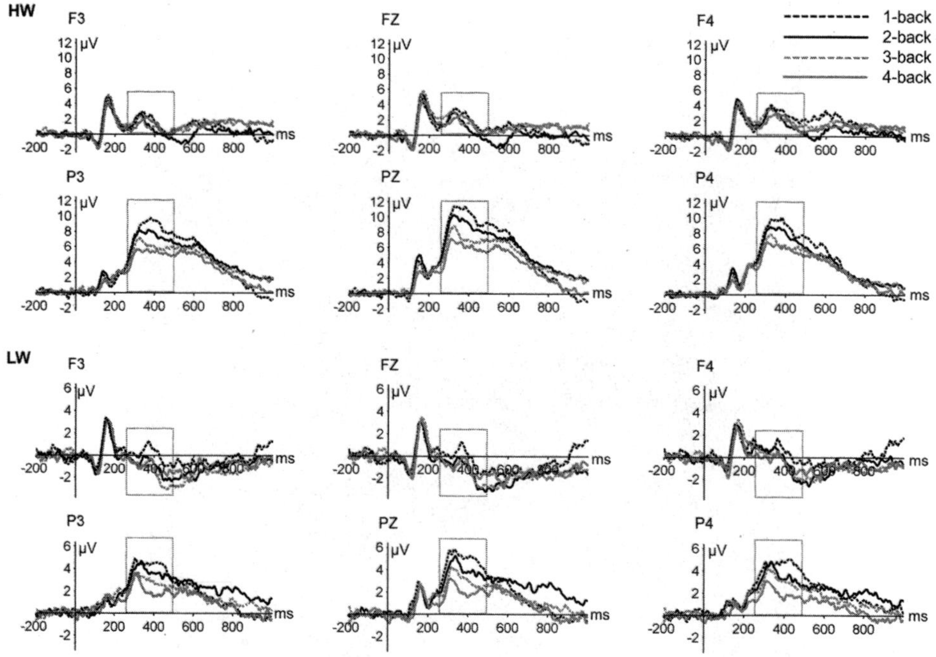

心理学的 N-back 任务的事件相关电位（ERP）波形图。(a）高工作记忆容量组（HW）的被试在不同负荷条件下的平均 ERP 波形；(b）低工作记忆容量组（LW）的被试在不同负荷条件下的平均 ERP 波形。F3、FZ、F4 为额叶区域的三个电极，P3、PZ、P4 为顶叶区域的三个电极。图中的虚线方框标出了 P300 成分的观测窗。

（出处：Shanshan Dong,2013, http://dx.doi.org/10.1016/j.brainres.2015.05.003 ）

心智游移

一　什么是心智游移

你是从什么时候开始注意到自己的精神世界是自由的？尽管身在此处，可我们具有在任意时刻离开此时此地的能力。可以在课堂上回想昨晚的电影，演练晚上的演讲；可以在去食堂的路上构思课程的期末论文，或者幻想一下自己如果是隐形人是不是就可以迅速穿越人流和长长的队伍直接买到紧俏的红烧牛肉；当然也可以一边在网球场上挥洒汗水，一边惦记着日程表里堆积起来的待办事项……

此类白日梦的经验对你而言，一定太平常不过了。并且，你一定注意到了，这样的体验通常不请自来，有时甚至是挥之不去的。一方面，在无聊的空闲时间里，白日梦成了你打发时间的必备工具；而另一方面，它也会在你不是那么想让它出现的场合困扰你，让你无法专心（比如此刻我要专心写这篇稿子，可是家里的琐事却不停地跳到我的脑子里来）。

这种体验，在生活中我们叫它“白日梦”或者“走神”，在科学研究中它有一个专门的名字——心智游移（mind wandering）。通常对它的定义是：在清醒状态下自发产生的内源性表征涌现现象。具体而言，就是在清醒状态下，个体体验到来自于内部而不是即时环境的心理表征，而这种意识内容并非个体主动发起，也并非来自于环境诱因，它与个体正在从事的活动或者环境中的刺激都没有直接关系。这种情况可以发生在个体闲暇时，也可以发生在个体从事某种活动的过程中。

对个体而言，这种体验平常得让人理解起来不费力气，但要对它进行科学研究却是另外一回事。事实上，这种自人类出现以来就存在的普遍意识现象，直到21世纪初才真正引起科学家们的兴趣，并随着对意识和脑的研究的不断深入而迎来了真正的探索热潮。今天这篇文章，旨在让国内的读者了解如何对这种现象进行科学研究，以及这类研究已经获得了哪些进展。

首先，我们需要确切地知道心智游移体验到底有多普遍，是不是每个人都有，以及我们有多频繁地体验到它？已经有很多研究提供了此类数据，使得我们能够大致描绘出这类体验在人群中的分布以及发生频率。根据早期的报道，大概96%的美国人报告说自己对心智游移体验很熟悉。当被试在完成一个需要集中注意于屏幕上不断变化着的刺激并及时做出反应（比如发现目标刺激出现时按下一个特定的键）的任务中，通过在实验过程中随机插入探针问题（比如：此刻你走神了吗？），研究者发现被试报告心智游移的次数占探针问题总数的30%~50%。在2010年发表于美国著名期刊《科学》上的研究论文中，研究者给被试的手机植入一个客户端应用程序（App），在每天的若干个随机时间点提醒被试完成一份关于此刻注意是否集中于当前任务或环境的问卷，在整个调查期间被试像往常一样生活，结果表明心智游移频率占人们清醒时刻的46.9%。也就是说，无论是在日常生活中还是在心理学实验室里，我们都有1/3~1/2的时间并没有专心于当前任务或环境，而是想一些和当下没有关系的事情。这个结果是不是很令你惊讶：原来我是那么的不专心，而且有这么多人和我一样！

其实，早在100多年以前，现代科学心理学的开山鼻祖之一，大名鼎鼎的威廉·詹姆士（William James）就注意到了这个现象，并提及这个现象的研究价值，他说，尽管我们所体验到的意识内容有一部分来自于外界环境，但另一部分（可能是更大的部分）来自于我们的头脑。他提出意识流（stream of consciousness）的概念，用来描述那些显然会永远变化且不断连续流动的想法、观念、意向和感受。

我们有理由相信，占据我们清醒意识体验约1/2的心智游移，在保证永远变化且不断变化的意识流的连续性上，起到了非常重要的作用。通过控制刺激引起个体不同的行为反应是经典的实证心理学的实验传统，而这个实验传统却只能告诉我们心理过程是如何受制于外界环境和当前任务目标。对于威廉·詹姆士提到的那一大部分来自于脑内部的意识流，尤其是自发产生的心智游移体验，传统的刺激—反应的心理学实验显得无能为力。因此，在很长一段时间内，对心智游移的实证研究非常稀少。在20世纪60年代，心智游移曾经被当成想象过程的重要成分而被Singer、Antrobus等心理学家关注过，但是很快，他们的研究被淹没在其他以刺激—反应为导向的实验心理学研究的洪流中。直到21世纪初，随着以功能核磁共振成像（functional magnetic resonance imaging, fMRI）为代表的无损脑功能成像技术在认知科学研究中的飞速发展和渗透，以及整个科学界重新掀起对人类意识之谜的研究热情，心智游移这个每个人都再熟悉不过的意识体验，被重新搬上实证研究的舞台，并且迅速引发了一股研究热潮。如今，我们对心智游移的理解，无论在行为表现层面，还是在脑功能层面，都达到了前所未有的高度，并且还将越来越深入。

二　如何研究心智游移

经典的实验心理学通过控制外界刺激来影响被试的心理过程，并借助个体的行为反应来获得心理活动的间接指标。这个刺激—反应的传统模式在研究心智游移时遇到了很大的困难。心智游移的核心特征——内源性和自发性——决定了对这个现象的研究必须突破刺激—反应的实验范式。内源性是指发生心智游移时个体的意识内容并不来自于外界环境，因而研究者无法用控制刺激的方式来“引起”心智游移；自发性是指心智游移的发生是不受个体主观意愿控制的，也就是说研究者不能“要求”个体心智游移，个体自己也不能“主动发起”心智游移。这样一来，经典实验心理学的“控制”思想在研究心智游移时就碰了壁。

好在心智游移的发生频率很高，因而研究者采用了“守株待兔”的思路，即等着它自己出现。这种思路通过一种叫作“经验取样”的方法得以实现。

经验取样是一种专门用来研究个体持续变化着的意识体验的方法，通常这种方法依赖于个体对自己意识经验的如实报告。在运用经验取样法获取个体的心智游移体验样本时，研究者会在个体没有准备的情况下给个体发送“探针问题”，要求个体报告在收到信号的前一刻在想些什么：是在想与即时环境和活动有关的事情，还是在想与它们无关的内容。如果是后者，那么就认为在收到信号时个体正在进行心智游移。上一部分提到的2010年发表在美国《科学》上的那项研究就用了这种方法，通过在受访者手机上安装客户端的方式，在调查期间每天多次给受访者发出提醒，要求受访者就此刻自己的意识状态进行内省并回答相应的问题。全球数千名参与调查的受访者的数据显示，在生活中，有 46.9% 的时间里个体的意识体验都不是针对当前活动和当前环境的，而是在进行心智游移。

通过把“探针问题”插入到被试正在进行的活动中的方式，经验取样获得了目前为止最为直接的心智游移发生信息。因为心智游移体验留下的记忆痕迹很浅，个体不大可能在很久以后仍然记得先前的“走神”体验，而经验取样这种对意识经验的“立即”回顾最大限度地降低了个体的记忆负担。尽管如此，经验取样法仍然不可避免地具有主观报告法的缺陷。由于经验取样法只能通过内省对意识流经验随机抽样，因而它仍然无法让研究者直观地观测到心智游移的随时发生和动态变化。所以，在心智游移研究中，寻找可以反映心智游移发生的其他客观指标（包括心理的、行为的和生理的），一直以来都是这个领域内一个重要的方法学课题。

令人庆幸的是，虽然心智游移是一种纯主观的个人体验，它的发生还是伴随着一些个体其他方面的改变。作为一种有意识的心理过程，心智游移的发生会消耗有限的认知资源。因此，如果个体在从事一项活动时发生心智游移，那么个体正在从事的活动就会因为可用认知资源的减少而受到影响。根据这样的基本假设，研究者就可以通过观测被试活动绩效的改变来间接探测心智游移的发生。这样的思路在 20 世纪 90 年代以后被频繁用于绝大多数针对心智游移的行为实验中。通常研究者会让被试完成一个不太难的知觉任务，比如对连续出现的单个数字进行是否是“3”的判断，在任务中的随机时间点，插入经验取样法中使用的探针问题（探针出现的前一刻，你的注意“在当前任务上”或“不在当前任务上”）。这样研究者在获取个体心智游移的主观报告数据的同时还能记录个体在实验任务上的行为绩效（比如对刺激的反应速度和正确率）。在精心控制的实验条件下，研究者可以得到行为绩效和个体主观报告数据之间的对应关系。正如预计的那样，当个体报告自己的注意“不在当前任务上”时，他对目标刺激的反应正确率下降了，反应时变得更不稳定了。因而，个体在低负荷任务中行为绩效的下降成为发生心智游移的一个间接却更为客观的指标。这类方法的最大问题在于，造成行为绩效下降的原因可能不仅仅限于心智游移(外界干扰刺激造成的分心也会使个体的任务绩效下降)。因而，如何设计更好的实验范式，使得个体的行为绩效的变化和心智游移的发生之间的对应关系变得更为单纯，就成为使用这一方法的研究中要解决的主要问题。

好在行为绩效如反应时、正确率的变化并非心理活动的唯一表现，随着各种生理心理记录方法，如眼动、多导生理记录和以 fMRI 为代表的包括事件相关电位（ERP）在内的无损脑功能探测手段在心理学实证研究中的深入应用，在对心智游移客观指标的探索方面已经获得了很多极有价值的成果。

例如，眼动是个体加工视觉刺激及相关注意过程的一个可探测的生理反应，因而可以作为心智游移是否发生的一个指标。研究发现，在阅读过程中的心智游移往往伴随着更长的注视时间、对词频变化更不敏感的凝视时间、更大的瞳孔直径以及更频繁地眨眼。通过 fMRI 的方法，研究者可以直接获取个体在发生心智游移时脑内神经元活动的变化情况。目前这方面的研究结果都将心智游移的发生与脑内一个十分特殊的区域——“默认网络”联系起来，这部分内容还会在本文第四部分专门进行介绍。在脑电技术方面，若干 ERP 研究都发现了心智游移发生时个体对外界刺激加工削弱的证据。这样的研究不仅仅提供了心智游移的客观指标，同时，它们也有助于探索心智游移的内部机制。例如，心智游移时眼动指标和脑电成分的改变都强有力地证明了心智游移发生时个体的注意处在一个与外界环境分离的状态下。

当然上述研究目前仍然需要以个体口头报告来判断个体是否真的发生了心智游移，通过比较“心智游移”时和“专心于任务”时这两种情况下相关数据的差异，研究者获得了有希望作为心智游移客观指标的方法。相信随着实验设计的日益精致和技术手段信噪比的不断提升，未来可以在不需要被试口头报告的情况下直接以其他指标探测到个体的心智游移。

三　有得有失的心智游移

心智游移的实证研究是在对其负面效应的探索中兴起的。在心智游移研究真正开展起来的过去 10 年中，大量的实验将心智游移当成人类注意机制不那么完美的一个表现，它就像是注意过程中一个无法避免的缺陷，令人讨厌却又无可奈何，我们需要去做的是如何减少它可能造成的糟糕影响。然而，随着研究深入，研究者们意识到这种跨种族、跨文化的普遍存在于人类意识中且发生频率极高的体验，是一种正常而非“病态”的人类意识现象。这时，全面地看待心智游移的代价和可能带来的益处，就显得十分自然了。

心智游移的代价太显而易见了。心不在焉给人们带来不少麻烦，这一点在实验室里被反复证明。我们都有阅读时心不在焉的体验：眼睛随着文本移动，但直到翻页才发现自己什么都没看进去，脑子里被不知道哪来的想法充斥着。若干个研究揭示了阅读时发生心智游移将影响个体对文本信息的编码，使人在接下来的阅读理解测试中表现糟糕；课堂或讲座中，心智游移体验也非常普遍，它将极大影响听者对讲座内容的理解。更多的实验任务反复证明了即使在非常简单的知觉任务中，发生心智游移也将影响个体的表现：让个体行为陷入缺乏监控的、机械的自动化模式，对关键刺激视而不见或者反应速度明显减慢。而且，在越是简单枯燥的任务中，个体越是容易陷入心智游移。

值得一提的是，尽管在实验室任务中心智游移对个体执行当前任务的负面影响如此明显，生活中发生的心智游移频率更高，却并不令人讨厌。大部分受访者表示对心智游移体验是非常熟悉的，有时甚至会享受这种从当前环境中离开而进入个人世界的状态。当考虑到日常生活中我们的活动并不时时要求我们全神贯注于当前环境时，生活中并不讨厌的心智游移就变得可以理解了。在不那么重要以及对即时元意识监控要求不那么高的日常活动中，对个体而言，心智游移的影响常常是可以忽略的——想想我们在排队缴费、走路或者在空旷的道路上开车中的体验吧。

然而，驾驶机动车是个特别需要提到的情境。在交通情况良好的情况下驾驶员做做白日梦并无大碍（而且似乎不可能不这么做），然而，一旦发生突然的交通状况（比如从前方不远处的绿化隔离带中突然窜出一个人），此时驾驶员是集中精力于驾驶环境还是正在心智游移，就会极大地影响他是否有足够的反应时间应对此种突发状况。一些通过模拟驾驶实验来研究心智游移对驾驶行为影响的研究揭示了个体在驾驶中发生心智游移对驾驶行为可能产生的影响，包括跟车距离变短，对周围环境信息视而不见，不会根据前方车辆状况及时调整驾驶模式等。

看来心智游移是否对个体从事当前活动产生不利影响，取决于个体在什么样的环境中发生心智游移。在那些日常的、熟练的、自动化的行动中，走走神做做白日梦不会让人烦恼；但是如果是在一些需要注意高度投入才能胜任的任务情境中，发生心智游移就不是一件让人享受的事情了。因此，在需要高度注意投入的任务（如参加考试）中抑制自己的心智游移就成为一种非常重要的能力，智力测验成绩和心智游移频率之间的负相关关系支持这一论断。

因此，我们很容易就能想到，个体根据任务需求控制心智游移的发生是一种非常重要的认知能力：在重要的任务中不走神，而在简单的、自动化的任务中利用多余的认知资源走走神却不会产生多大的负面影响。这样的能力我们称之为执行控制功能，这个功能会决定个体是否能够尽可能地避免心智游移的损害。例如，在一个延迟满足可以带来更大利益的实验情境中，当任务负荷较低时，个体可以策略性地利用延迟期间的心智游移来帮助自己抵抗当前诱惑（可能是因为心智游移可以帮助个体避免直接面对当前诱惑），而执行功能受损的个体（如患有注意缺陷多动障碍的个体）就无法根据任务需求灵活调节自己的心智游移。

一些研究还提示在衡量心智游移的负面影响时有必要考虑心智游移的具体内容。比如，心智游移的情绪色彩、时间指向等特征和产生多大的负面效果有关。带有消极情绪色彩和指向过去的心智游移与更严重的负面影响以及更消极的个体心境相关。因而研究者推测，消极的心智游移可能会产生更为消极的后果。当然，目前下这样的结论还为时过早，但在评价心智游移带来的损益时考虑多方面的影响因素却是必要的：发不发生心智游移是一回事，在什么时候发生以及发生什么样的心智游移又是另外一回事。

心智游移作为一种如此普遍、发生如此频繁并且几乎是不可避免的意识体验，如果说它对个体只有消极影响而没有一丝用处，似乎是说不过去的。而且，想想我们自己对此是多么乐此不疲，尤其是在闲着没事干的时候，如果没有心智游移来帮助我们打发时间，将是多么的无趣啊。因而，尽管对心智游移的实证研究是在对它的负面效应“口诛笔伐”过程中逐渐兴起的，研究者们还是在思考并努力地探索着它可能具有的功能。

对心智游移功能的探索要从分析心智游移的内容开始，也就是说，得首先知道人们在心智游移时都想些什么，才能知道他们为什么想这些，以及投入认知资源甚至以牺牲当前任务绩效为代价来想这些事情对他们有什么用。早在 20 世纪 60 年代，Singer 就发现了心智游移（那时叫白日梦）是一种以情景表征涌现为主的意识状态（就像我们晚上做的梦那样生动，让人产生身临其境的感觉），这个事实在 21 世纪得到了更为清晰的证实。我们用经验取样的方法，发现情景表征占据了 60% 以上的心智游移意识体验，并且，其中占据最大比例的又是在时间维度上指向将来的那些情景性表征（图 1）。也就是说，人们在心智游移时，总是会去想那些还未发生但即将发生的事件，以情景想象的方式在头脑里一遍又一遍地对这些事件进行预演。我们把心智游移的这种特征称为心智游移的前瞻偏向。这种偏好使得研究者猜测心智游移具有规划未来的功能，并且认为其具体机制在于心智游移可以提供一个机会，让个体可以比较现有状态和目标状态之间的差距并反复思量需要克服的中间障碍。笔者带领的团队正在做一些探索性的研究，试图寻找个体将来指向的心智游移频率和个体随后对前瞻记忆（一种指向将来要做事件的记忆，如记得自己下课要去买一杯咖啡）任务完成情况之间的关系，结果发现如果心智游移时想到的内容是与个体前瞻计划相关的，那么这种心智游移就会有利于随后前瞻记忆任务的执行。

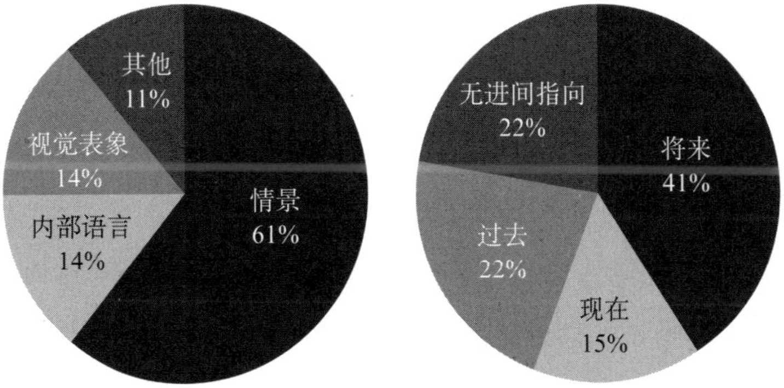

图 1　心智游移的基本成分：左图为心智游移中各种表征形式的比例；
右图为情境性心智游移中各个时间指向的比例

另一个正在接受实证考验的猜测是心智游移有助于人们发挥创造性。之所以做出这样的假设，是由于心智游移因其不受控从而可能具有发散思维的特质，而发散思维是创造力的一个必要条件。这方面的证据来自两类研究：一类研究发现，心智游移频率高的个体在创造力特质问卷中的得分也比较高；另一类研究发现，在呈现需要创造性的问题后让个体参加一个和问题不相关的分心任务，那些在分心任务中发生较多心智游移的个体，相比于那些一直专心完成任务的个体，随后能够更具创造性地解答问题。这几个有限的研究给我们一些有意思的启示：首先，那些平常爱胡思乱想、动不动思绪乱飞的人，更有可能是高创造性的个体；其次，当我们面对需要创造性思维才能解决的问题时，在干点别的事情的同时走走神，很有可能会有助于我们开阔思路，得到更有创造性的答案。当然，目前这类研究开展得还十分粗浅，如果心智游移确实能够以某种方式有助于个体发挥创造力的话，那么，这种促进作用的具体机制还需要更深入的研究；并且，心智游移能够促进创造力的发挥，或者有助于问题解决这一点，首先需要更多实证研究的验证。

心智游移现象说明了人类意识具有不可抵挡地离开此时此地进入自我主观世界的倾向。这种倾向说明个体之所以以牺牲对现时环境和任务的加工为代价“陷入”心智游移，是因为相对于即时环境和任务，心智游移更为吸引我们。“当前关注理论”（current concern theory）正是从这个角度解释心智游移的发生。这种理论认为心智游移时个体所思所想均是对个体而言更“重要”的以及个体更“关心”事，个体利用心智游移来对这些重要的事务进行加工。上述两种心智游移的功能（未来筹划及创造性地解决问题）均可纳入这个理论。

心智游移会发生在个体执行各种任务过程中，因此，有一种理论认为心智游移“打断”当前任务是因为它可以提供让人“休息”的机会。我们暂且称这种理论为“心理休息论”。长时间从事枯燥无聊的任务会让人情绪低落，而那些老是在任务中走神的个体，他们情绪低落的状况会比那些走神较少的个体来得轻微。人们在心智游移时想一些将来的事情，也会有助于他们改善不愉快的情绪。除了通过调节情绪让个体休息，心智游移还可以通过降低习惯化的方式使个体更不容易在学习中感到疲劳。总之，尽管对当下任务而言，心智游移是一种打扰，但这种打扰有时恰恰能缓解因过度专注于任务而产生的负面效应。

所以，你瞧，任何事情都有两面性，心智游移让人们不由自主地不能“活在当下”，对那些需要“关注当下”的任务而言，心智游移无疑是不好的。然而，这种离开此时此地的倾向有时是如此不可避免，似乎人们的精神世界内部本身具有一股力量，总是要将我们的意识觉知拉进去。人们经常被这种“倾向性”俘虏，很可能是因为心智游移是有用的，尽管它的用处并不指向当下。

四　自驱动的心理与自驱动的脑

对于专门研究脑和意识的科学家而言，重新认识到心智游移的研究价值是极其令人兴奋的。长久以来，对脑的研究都没能离开百年以前由华生（Watson）开创的“刺激—反应”研究模式：研究者控制刺激，规定任务目标，从而控制个体的反应，从个体的反应模式中推断这些刺激是如何影响个体的内部心理过程。这个方法简便易懂，但它忽略了人类心理活动的一个非常重要的特点，即，心理活动具有“自驱动性”，并不完全受制于即时环境。在脱离环境刺激和任务目标时，心理活动也并不停止。心智游移就是人类心理自驱动性的典型表现。尽管在科学心理学创立之初，威廉·詹姆士就指出了人类心理这个显而易见的特征，但因为“刺激—反应”的研究范式在研究人类心理自驱动性时不再管用，科学家们不得不暂时放弃对它的探索。

20 世纪末兴起并不断发展的无创脑功能成像技术让研究以心智游移为代表的人类心理“自驱动”特征成为可能。其中，fMRI 在脑功能研究中的普遍应用使心智游移研究迎来了真正的春天。

fMRI 即功能核磁共振成像技术，是一种利用磁共振造影来测量神经元活动所引发的血液动力改变的方法，它可以动态地间接反映脑内神经元的活动情况。只需要让个体躺在核磁共振扫描仪里完成某些任务，通过计算，就可以得到他们的脑在完成这些任务时的活动情况。神经元是一直在活动的（包括我们睡着了的时候），因此当我们想知道个体在完成特定任务时哪些脑区参与了这一活动时，我们采用在实验心理学中常用的“减法法则”：即为目标任务设置一个“对照状态”或“基线状态”，将脑在目标任务中的信号与在对照状态中的信号相减，来得到那些在目标状态中比在对照状态中更活跃的脑区。静息态——

就是闭着眼睛保持清醒但不要刻意去想任何事——是一个常被用来作为对照的基线状态。用上述减法法则，可以得到个体在执行某种任务时相对于静息状态下更为活跃的脑区。用静息态作为基线状态的研究者认为静息是一个最简单、心理活动最少的状态。

然而，人们可以在闭眼清醒时“什么都不想”吗？当然不行！很显然，静息态同时也是一个心智游移活动最为活跃的状态。并且，心智游移是一个不受控的、自发的意识状态，是比由刺激和目标明确的任务引起所谓的“任务态”更为复杂的心理状态。当研究者们意识到这一点时，心智游移研究的曙光才真正到来，这曙光来自于对人脑工作方式的重新认识。

首先，有“好事者”将前面任务—静息的计算方式反过来做，变成静息—任务，此时原来的任务变成了“基线”。结果是令人惊讶的：不管这个任务是视觉的、听觉的、运动的还是计算的，只要任务需要个体将注意力集中在外界刺激上，那么“静息—任务”得到的活跃脑区中就总包含着以扣带回后部和前额叶为核心的几个区域。也就是说，相对于注意外投的任务，这些脑区总是在个体静息时更为活跃。我们称这些脑区为负激活脑区。

随后，上述负激活脑区的一个更重要的特征被若干项重要研究陆续证实，即在静息时，这些脑区的低频自发活动以一种高度协同的方式“互相呼应”，也就是说，在没有外在任务时这些脑区的自发活动在时间上是同步的。这些发现促使科学家们提出了“默认网络”（default network）的概念（图 2），认为人脑内存在一个在静息时活跃，在外投注意活动受抑制的网络，网络内的脑区以同步自发活动的方式组织起来。这种活动模式独立于外界刺激，是“内禀”的或者说是自组织、自驱动的，因此被称之为默认网络。并且，用正电子发射计算机断层

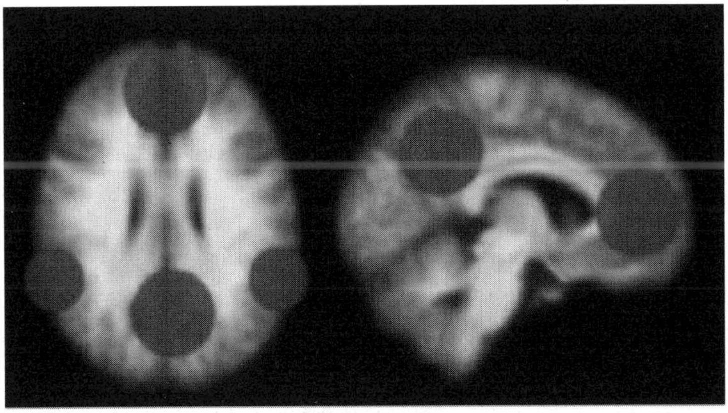

图 2　默认网络的大致区域，圆圈区域为经典的默认网络脑区

扫描技术可以发现，在静息时，默认网络的核心脑区的能量消耗在全脑各区域中也是最高的。

也就是说，脑在“静息”时并不真正静息，而是仍然以一种自发的、有组织的活动方式工作着，默认网络就是这种自组织活动模式的代表。并且，默认网络活跃时，恰恰也是心智游移活动最为活跃的状态。至此，心智游移活动和默认网络活动之间的对应关系已经呼之欲出，但还没有被直接证明。真正把心智游移和默认网络直接联结起来的，是 2009 年发表在《美国国家科学院院刊》上的一项研究。这项研究利用前面所述的探针技术，实时地将个体在任务中对探针问题回答“我走神了”的前一小段 fMRI 扫描数据和个体回答“我专心做任务”前一小段数据进行对比，结果发现了和上述默认网络脑区高度吻合的激活模式。

心智游移代表了一种独立于外界刺激的自驱动心理活动，而默认网络代表了一种独立于外界刺激的自驱动的脑工作模式。此时，我们可以在更为整合的层面上去重新理解人类心智的运行。对即时环境进行加工和反应的确是人类心智和脑的重要功能，但在心智活动中，还有一个相当庞大且相当重要的部分，就是人类心智的自发活动，这种自发活动是内禀的，不受制于即时环境和即时任务，并且，我们的脑以高度组织化的活动方式来维持它的运行。心智游移就是这种自发内禀心理活动在意识觉知层面的体现。

五　未来的心智游移研究将走向哪里

当代对心智游移的实证研究已经走过了10年。在这10年中，对心智游移的认识在研究角度上，经历了从正视心智游移的普遍性，到全面揭示其对当前任务的损害，再到开始探索它的积极功能的一系列转变。最后，与“自驱动的脑”的研究潮流的碰撞，使心智游移研究真正走进了意识和脑研究领域的舞台。我们可以想见，未来10年针对心智游移的研究将以更快的速度扩展其研究广度和深度。

首先，在其效用的探索上，在明确心智游移对不同任务类型的负面影响及其内部机制的同时，心智游移对人类的功能还需要更多实证研究的确认。更重要的是，此类研究最终是否能够提供一套方法，指导个体如何在尽量避免心智游移的负面效应的同时，尽可能地发挥它的积极作用。

其次，作为健康人群中极其普遍的意识体验，心智游移在情绪和表征方式等特点上具有一定的规律性（如前瞻偏向）。由于罹患精神疾病（比如情绪障碍和认知障碍）的个体通常也会伴随有意识体验的改变，那么这些人群的心智游移体验是否也具有与健康人群明显不同的特点？例如：已经有一些探索性的研究发现，高抑郁倾向个体的心智游移不再像健康人群那样具有前瞻偏向，而患有注意缺陷多动障碍的个体，通常也会在任务中发生更多的心智游移。未来更多针对特殊人群心智游移体验的研究将为精神疾病的诊断和治疗提供新的思路。

再次，心智游移体验具有很大的个体差异，这些差异不仅体现在发生频率和发生情境上，还可能体现在表征方式等其他特征上。其中一些个体差异较为稳定，成为一种个人特质。目前尚不明确这些个体差异是否与心智游移的代价和功能相关。例如：是否心智游移促进创造力发挥的功能更容易在具有某种心智游移特质的个体身上表现出来？未来从个体差异的角度进行的心智游移研究将有希望回答这一类问题。

最后，尽管心智游移和人脑的默认网络已经被联系在一起，但我们并不清楚组成默认网络的若干脑区究竟以什么样的方式参与了心智游移的诸多心理过程。此外，作为人类认知重要成分的无意识活动，它和心智游移活动之间的关系也是一个十分重要的课题。目前已经在默认网络中确认了几个关键节点和子网络，未来研究需要探明这些子网络和心智游移的特性是否存在关联。

参考文献

Singer, J. L. 1966. *Daydreaming*[M]. New York: Plenum Press.

Smallwood, J., Schooler, J.W. 2006. The restless mind[J]. *Psychological Bulletin*, 132(6): 946–958.

Killings worth, M. A., Gilbert, D. T. 2010. A wandering mind is an unhappy mind[J]. *Science,* 330(6006): 932.

Singer, J. L., Antrobus, J. S. 1972. Daydreaming, imaginal processes, and personality: a normative study. Sheehan, P. W. *The Function and Nature of Imagery*[M]. New York: Academic Press, 175–202.

Singer, J. L. 1981. *Daydreaming and Fantasy*[M]. Oxford: Oxford University Press.

Foulsham, T., Farley, J., Kingstone, A. 2013. Mind wandering in sentence reading: decoupling the link between mind and eye[J]. *Canadian Journal of Experimental Psychology-Revue Canadienne De Psychologie Experimentale*, 67(1): 51–59.

Franklin, M. S., Broadway, J. M., Mrazek, M. D., et al. 2013. Window to the wandering mind: pupillometry of spontaneous thought while reading[J]. *Quarterly Journal of Experimental Psychology*, 66(12): 2289–2294.

Raichle, E. D., Reineberg, A. E., Schooler, J. W. 2010. Eye movements during mindless reading[J]. *Psychological Science*, 21: 1300–1310.

Schooler, J. W., Raichle, E. D., Halpern D. V. 2004. Zoning out while reading: evidence for dissociations between experience and metaconsciousness. Levin, D. T. *Thinking and Seeing: Visual Metacognition in Adults and Children*[M]. Cambridge: MIT Press, 203–226.

Szpunar, K. K,, Khan, N. Y., Schacter, D. L. 2013. Interpolated memory tests reduce mind wandering and improve learning of online lectures[J]. *Proceedings of the National Academy of Sciences of the United States of America*, 110(16): 6313–6317.

Song, X. L., Wang, X. 2012. Mind wandering in chinese daily lives—an experience sampling study[J]. *PLoS ONE*, 7(9): e44423.

Yanko, M. R., Spalek, T. M. 2014. Driving with the wandering mind: the effect that mind-wandering has on driving performance[J]. *Human Factors*, 56(2): 260–269.

Mrazek, M. D., Smallwood, J., Franklin, M. S., et al. 2012. The role of mind-wandering in measurements of general aptitude[J]. *Journal of Experimental Psychology-General*, 141(4): 788–798.

Smallwood, J., Ruby, F. J. M., Singer, T. 2013. Letting go of the present: mind-wandering is associated with reduced delay discounting[J]. *Consciousness and Cognition*, 22(1): 1–7.

Franklin, M. S., Mrazek, M. D., Anderson C. L., et al. 2014. Tracking distraction: the relationship between mind-wandering, meta-awareness, and adhd symptomatology[J]. *J Atten Disord*.

Ruby, F. J., Smallwood, J., Engen, H., Et al. 2013. How self-generated thought shapes mood—the relation between mind-wandering and mood depends on the socio-temporal content of thoughts[J]. *PLoS ONE*, 8(10): e77554.

Oettingen, G., Schwörer, B. 2013. Mind wandering via mental contrasting as a tool for behavior change[J]. *Frontiers in Psychology*, 4: 562.

Baird, B., Smallwood, J., Mrazek, M. D., et al. 2012. Inspired by distraction mind wandering facilitates creative incubation[J]. *Psychological Science*, 23(10): 1117–1122.

Smallwood, J., Schooler, J. W. 2014. The science of mind wandering: empirically navigating the stream of consciousness[J]. *Annu RevPsychol*, 66: 487–518.

Mooneyham, B. W., Schooler, J. W. 2013. The costs and benefits of mind-wandering: a review[J]. *Canadian Journal of Experimental Psychology-Revue Canadienne De Psychologie Experimentale*, 67(1): 11–18.

Mckiernan, K. A., Kaufman, J. N., Kucera-Thompson, J., et al. 2013. A parametric manipulation of factors affecting task-induced deactivation in functional neuroimaging[J]. *Journal of Cognitive Neuroscience*, 15(3): 394–408.

Greicius, M. D., Krasnow, B., Reiss, Allan, L., et al. 2003. Functional connectivity in the resting brain: a network analysis of the default mode hypothesis[J]. *Proceedings of the National Academy of Sciences*, 100: 253–258.

Gusnard, D. A., Raichle, M. E. 2001. Searching for a baseline: functional imaging and the resting human brain[J]. *Nature Review of Neuroscience*, 2: 685–694.

Christoff, K., Gordon, A. M., Smallwood, J., et al. 2009. Experience sampling during fMRI reveals default network and executive system contributions to mind wandering[J]. *Proceedings of the National Academy of Sciences*, 106: 8719–8724.

Smallwood, J., Fitzgerald, A., Miles, L. K., et al. 2009. Shifting moods, wandering minds: negative moods lead the mind to wander[J]. *Emotion*, 9: 271–276.

Buckner, R. L., Andrews-Hanna, J. R., Schacter, D. L. 2008. The brain's default network: anatomy, function, and relevance to disease[J]. *Annals of the New York Academy of Sciences*, 1124: 1–38.

本文原来的题目是“人类意识流的重要构成部分——心智游移”

作者：宋晓兰、唐孝威。原载于《自然杂志》

2015 年 37 卷 1 期 8—16 页

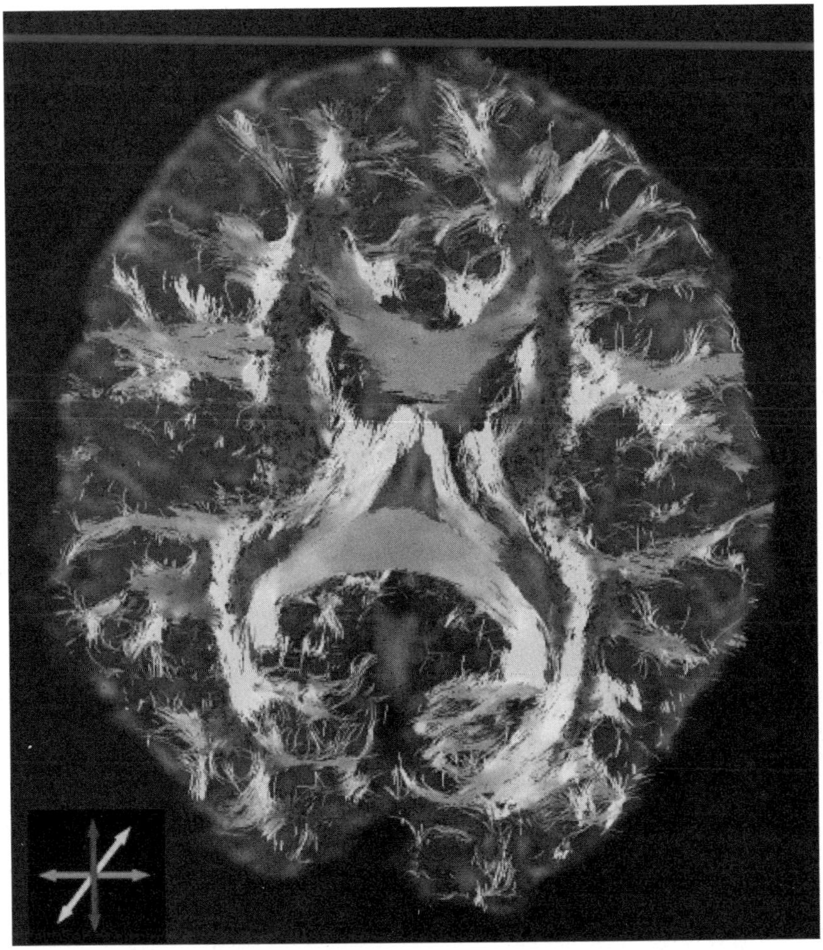

全脑高分辨神经纤维束投射图（1.25mm，确定性追踪）

（来源：浙江大学脑影像科学技术中心）

《意识与脑系列图书》序

意识问题是当代自然科学最基本和最困难的问题之一。近年来，由于实验技术的发展，用自然科学方法研究和认识意识的任务已经提到科学研究的日程上来了。

意识问题涉及广泛的学科领域。从神经生物学的角度看，意识研究的问题之一是，产生意识的神经机制是什么。也就是要回答：主观意识体验是怎样由脑内神经网络产生的？这是一个激起人类理智好奇的有趣问题。

脑和心智非常复杂，具有多个层次和多个维度，需要从脑和心智的不同层次的各种成分的特性和相互作用，从它们与身体、环境和社会的相互作用，从它们的集成过程和层展现象等方面，来对意识进行研究。

意识研究不但有基本的理论意义，而且有重要的应用价值。世界上最宝贵的是人，人最宝贵的是意识。人们开始重视意识与健康、意识与教育、意识与创新、意识与社会等实际问题的研究。这些应用研究的成果将造福于人类。

机械工业出版社组织翻译当代外国科学家关于意识的著作，以

“意识与脑”为主题出版一系列图书。这些书有助于广大读者了解国外意识研究的现状，了解国外不同学科的科学家对意识的种种见解，并提出自己的分析和讨论。

中华民族走向世界，为世界文明做出贡献。在脑和心智的领域中，我们要对意识问题进行长期、系统的研究，在继承中华文化和在自己研究的基础上，借鉴国外的发展，建构比较全面的意识研究框架。

意识问题是脑科学、心理学、生物学、医学、物理学、化学、信息科学、认知科学、计算机科学、哲学等许多学科交叉研究的课题，需要不同学科的科学家参与，综合运用多学科的手段进行研究。愿我们为解开意识之谜而共同努力。

本系列图书由机械工业出版社2013年起陆续出版

《神经现象学》序

意识是一个重大的科学问题。近年来，科学家正尝试用多种自然科学方法来研究意识和认识意识。在一定条件下，个体的脑活动伴随着个体的第一人称经验。人们为了全面了解脑活动和意识现象的关系，对个体脑活动时的第一人称经验进行记录和研究，这称为意识的现象学研究。神经现象学是神经科学与意识现象学集成的一门新的交叉学科。

本书作者在神经现象学领域中进行过长期研究，积累了大量资料，写出了本书初稿。2015 年 3 月至 6 月期间，在由我在浙江大学组织的两周一次的认知科学的交叉学科讨论会上，作者曾就书中的许多内容与观点做过介绍，引发了来自神经科学、心理学、物理学、哲学等不同学科师生的热烈讨论。讨论会的“质疑头脑风暴”给到会者带来启发。作者又对全书进行了审慎的修改。

目前呈现在读者眼前的是一本内容全面、资料丰富的书稿。书中详细介绍了神经现象学的诞生背景与研究现状，特别对神经现象学的理论内涵、基础研究和应用研究等方面进行了大量讨论，并且对神经现象学存在的问题进行反思，对它的未来走向提出具有前瞻性的展望。

这本书值得关心这一领域的读者阅读和参考，它也将为国内认知科学界寻觅一条揭秘意识本质与发生规律的认知论与方法论进路提供有益思路。

希望我国有更多学者投身到意识领域中，进行跨学科的深入探索和实际应用，共同推动意识研究的繁荣发展。

《神经现象学：整合脑与意识经验的认知科学哲学进路》一书，陈巍著

意识的应用研究

研究人的意识不但有理论意义，而且有实际价值。近年来，意识与健康、意识与教育、意识与创新、意识与社会等许多实际问题受到人们的重视。

意识对人的心身健康起重要作用。在意识与心身健康的关系方面，重要问题之一是意识障碍等疾病的预防、诊断、治疗与康复。意识活动对正常人是必需的。失去意识的个体不能正常地生活，一些严重意识障碍的病人只能通过人工给予营养才能存活，被称为植物状态。没有意识的植物状态患者非但不能为社会工作，而且消耗社会的财富，给患者的家属和社会造成很大负担。目前医学领域很关注意识障碍病人的诊断和治疗。

意识对人的学习有重要作用。在意识与教育的关系方面，内隐学习是一个值得研究的现象。人的学习有多种不同途径，既有传授知识的学习，也有潜移默化的学习。人的心智活动除有意识的心智活动外，存在着大量无意识的心智活动。人的无意识学习称为内隐学习。实验观察到，在人的语言学习和动作学习中，内隐学习都起作用。目前教育领域很关注受教育者的无意识学习。

意识对人的创新实践有重要作用。在意识与创新的关系方面，心智游移是一个需要研究的现象。人会自发地“走神”，脑内进行内源性信息的加工，这种意识活动称为心智游移。心智游移是人类意识流的重要构成部分。心智游移具有发散思维的特点。通常认为，发散思维是人的创造力的一个条件。因此，目前艺术领域关注心智游移与艺术活动和艺术创新的关系。

人是社会的人，人类个体不是孤立存在的。在意识与社会的关系方面，需要研究的一个问题是：意识和社会环境的相互作用。个体间通过相互作用，形成团体、组织、社会等不同规模的集成体。个体的心智活动（有意识的心智活动和无意识的心智活动）受到团体、组织、社会等环境的影响，又通过个体的行为作用于团体、组织、社会等环境。因此，社会研究领域关注团体、组织、社会等环境与个体意识活动之间关系的研究。

参考文献

唐孝威 . 2004 . 意识论——意识问题的自然科学研究 [M]. 北京：高等教育出版社 .

唐孝威，沈模卫，罗建红，孙达 .（主编）. 2009 . 从分子到行为 [M]. 杭州：浙江大学出版社 .

唐孝威，何洁等 .（编著）. 2014 . 思维研究 [M]. 杭州：浙江大学出版社 .

唐孝威 . 2008 . 心智的无意识活动 [M]. 杭州：浙江大学出版社 .

唐孝威，秦金亮 .（主编）. 2016 . 神经教育学 [M]. 杭州：浙江大学出版社 .

宋晓兰，唐孝威 . 2012 . 心智游移 [M]. 杭州：浙江大学出版社 .

陈劲，唐孝威 .（主编）. 2013 . 脑与创新：神经创新学研究评述 [M]. 北京：科学出版社 .

唐孝威 . 2011 . 一般集成论：向脑学习 [M]. 杭州：浙江大学出版社 .

意识研究，任重道远

每个正常的人都有意识。意识就是每晚当人进入无梦睡眠，或当人因为创伤而昏厥，或当人因为脑损伤而处于植物状态时，所消失的“东西”。随着意识的消失，一个人的私人世界的所有内容——与之有关系的一切人和物，一切色、声、香、味、触、思想，一切苦、乐、不苦不乐，甚至他最珍视的自我——全都沉入了“黑暗”或溶解于无形。意识科学家科赫（C. Koch）说：“你唯有凭借意识的所有显现（manifestation）才能与这个世界照面。”

霍金（S. Hawking）在他的《大设计》（*The Grand Design*）提到关于生命、宇宙和万物的三个终极问题：为什么存在某物，而非一无所有？我们为什么存在？为什么是这一族特殊的定律，而非别的？然而，在这三个终极的问题后面，还有一个更终极的问题——意识问题，因为如果没有意识，人类就不可能进行这些“提问”活动。意识是人性的核心，也是人类的体验世界和所知世界的核心。现在，有意识的人开始提出关于意识自身的问题——“意识是什么？”尽管对意识本性的探讨直到最近才成为认知科学公然谈论和研究的主题，但却快速地成长为脑与心智科学（brain and mind sciences）一个极具吸引力的研究领域。一些一流的科学家（包括多位诺贝尔奖得主，如 F. Crick，J. Eccles，G. Edelman，E. R. Kandel，R. W. Sperry 等）和哲学家都曾经或正在汇集于这个领域从事研究，国内意识研究的共同体也在逐渐成长。

从神经生物学的角度看，意识研究经常集中于这样两个主要问题：(1) 产生意识的神经机制是什么？也就是说，人的主观意识体验，即通常所说的“感受质”(qualia)，是怎样由脑内的神经网络产生的？(2) 人的主观体验基于广泛分布的脑神经网络，这些神经网络是由位于脑各个独立区域的成千上万的神经细胞构成的，而这些分布的神经网络的活动何以会整合为一个统一的主观体验（如一个视觉意象）？这个问题通常被称为“绑定问题”(binding problem)。

揭开意识之谜，需要对这类相关问题进行大量的经验实证的研究。近年来，由于脑科学、心理学、医学、认知科学等方面的实验技术的发展，特别是各种无损伤的脑功能成像技术的发展，用自然科学方法系统地研究和认识意识的任务已经提到科学研究的日程上来。意识问题是脑科学、心理学、生物学、医学、物理学、化学、信息科学、认知科学、计算机科学、哲学等许多交叉学科研究的课题，需要不同学科的参与，综合运用多学科的手段进行研究。

意识研究不但有基本的理论意义，而且有重要的应用价值。目前人们开始重视意识与健康、意识与教育，意识与创新、意识与社会等实际问题的研究。这些应用研究的成果将造福于人类。

意识问题是浙江大学语言与认知研究中心（Center for the Studies of Language and Cognition, CSLC）的研究方向之一。同时，语言与认知研究中心还成立了“意识科学与东方传统研究中心”，力图将东方心学传统（特别是佛教唯识学）中广泛而系统的意识的第一人称方法的研究资源引入当代意识科学中。目前 CSLC 正与学校理工科教师一起合作开展意识的第一人称的现象学研究和第三人称的经验实证研究。下面简单介绍我们在意识多元研究中的几项初步工作：

（1）心智游移（mind wandering）。我们与浙江师范大学合作进行了心智游移的实证研究。心智游移是那些与个体当前正在从事的事情无直接关系并且不是由个体有意发起的意识体验。心智游移活动占据个体日常意识体验三分之一甚至更多的份数，这种意识体验是个体心智生活的一个重要部分。

（2）心智解读（mind reading）。我们进行了心智解读的脑功能图像数据处理的研究。心智解读是个体与他人交流中透过他人的表现来了解他人心智活动的一种社会认知能力。现代脑功能成像技术使得有可能透过测量和分析脑激活的数据来推测他人的心智活动。某种程度上该项研究和技术的发展会实现人类有关透视他人内心思想的古老幻想，然而像许多生命和智能技术一样，它也会引发一些可预见的伦理问题。

（3）纯粹意识（pure consciousness）。纯粹意识状态通常被描述为一种清醒但无任何心智内容（mental content）的、非意向（non-intentional）的心智状态，或一个内在清醒的、无知觉对象和无思想的“寂止的”心智状态。在印度的古典籍《奥义书》（Upanishads）的《蛙氏奥义书》和《弥勒奥义书》中，纯粹意识状态被称为是一个有别于日常清醒状态、睡梦状态和无梦深睡状态的“第四状态”或“第四境”，即图利亚（Turiya）。在纯粹意识的研究方面，我们提出纯粹意识与反思不同，它是一种前反思的自觉知（self-awareness）。我们还考察了当代认知神经科学家里贝特（B. Libet）的时控理论（Timeon Theory）与纯粹意识的关系。

(4) 冥想（meditation）。我们还进行了冥想过程中脑电活动的实验研究。东方的冥想传统为意识研究提供了一个最古老、最能被验证和最能被重复的第一人称方法体系。其对注意力的训练可以使心智处于不同层次的稳定的意识状态，而在这样的状态中心智能生起很强的观照自心活动的能力。因此，对冥想状态的脑电和核磁共振脑功能成像的科学研究为揭示意识的神经机制提供了一个独特的窗口。

为了推动国内科学界和哲学界对意识研究的关注，培育意识研究的氛围和学术共同体的成长，浙江大学语言与认知研究中心在 2013 年 6 月和上海市中国工程院院士咨询和学术活动中心联合举办了以“意识与脑”为主题的“院士沙龙”。浙江大学、华东师范大学、北京大学、浙江师范大学、杭州师范大学等学校有关专家参加，着重讨论了“脑损伤与意识”“自我与意识”“自由意志与神经科学”等有关“意识与健康”的实际问题。

意识研究任重道远，在脑与心智科学的领域中，我们要对意识问题进行长期的、系统的研究，特别要开展意识的实证研究，在继承中华文化和自己研究的基础上，借鉴国外研究的进展，建构比较全面的意识研究框架和理论。

本文初稿由李恒威教授补充。原载于《浙江大学报》（2013 年 12 月 20 日），题目是“意识是什么？”

第二部分

与意识有关的著作提要

这一部分是我写的几本与意识有关的著作的简单提要。其中《意识论——意识问题的自然科学研究》和《心智的无意识活动》这两本书是专门讨论意识的著作，另外几本书是关于脑功能原理、认知、梦以及心智游移的著作，内容都涉及意识问题，因此列到这部分中，这些提要是作为资料用的，所以只有简单的摘录。

各篇按这几本书出版时间先后排列，用书名作为各篇的标题。

《脑功能原理》

这是一本关于脑功能原理的专著，浙江大学出版社 2003 年出版。

这本书尝试从物理学角度在脑的系统水平上探讨脑功能的原理，根据现有实验事实，归纳出脑功能的一些原理，然后从这些原理出发，统一地考察和讨论各种脑功能活动。书中讨论了脑区激活与相互作用的规律以及脑功能的动态过程。在脑的系统水平上对脑功能的这些探讨，可以作为细胞水平、分子水平及行为水平上脑研究的补充。

这本书中有讨论注意与意识的一章，内容包括：意识体验的四定律，意识涌现的相变模型，主观体验强度的公式，选择性注意的模型，脑内信息加工模式及模式转变等。

书中归纳实验事实，得出意识体验的四个定律，它们是：一、涌现条件律：当激活脑区的激活水平达到意识临界条件时涌现意识。二、激活表征律：意识体验的内容由专一性脑区的激活来表征。三、体验强度律：意识体验的强度随着脑区激活水平的提高而增加。四、注意控制律：注意的作用是增强有关脑区的激活水平，使之进入意识，同时抑制其他无关脑区的活动。

书中还提出脑内信息加工的量子化假设。

《意识论——意识问题的自然科学研究》

这本书是关于意识问题的自然科学研究的一本论著，高等教育出版社 2004 年出版。书中用自然科学的观点和方法考察意识的实验资料，并且探讨意识的本质。

这本书中简述了许多不同学科的科学家对意识问题的种种不同见解。如：Baars，Crick，Dehaene，Eccles，Edelman，Freeman，Hobson，Koch，Naccache，Penrose，Tononi，Von der Malsberg 等。还提到哲学家 Chalmers，Searle，Velmans 等的专著。

书中将意识现象与物理现象进行类比，把意识描述为类似于相变的涌现现象。书中提出了意识的四个规律，它们是：一、意识结构规律。二、意识基础规律。三、意识过程规律。四、意识发展规律。

书中还提出意识的一个理论框架，其内容包括：一、意识的四个要素理论。二、脑的四个功能系统学说。三、脑区激活与相互作用定律。四、脑区能态理论。五、有意识、无意识、潜意识统一理论。六、主观体验定律。七、意识涌现理论。八、意识流的动力学理论。九、意识发展历史的理论。

《梦的本质：兼评弗洛伊德理论》

这本书是关于梦的本质的一本著作，吉林人民出版社 2005 年出版。

这本书尝试在《意识论——意识问题的自然科学研究》一书的理论框架下，用自然科学观点和方法对梦的本质进行讨论。书中提到研究梦的目的，认为梦是研究人的意识活动的一个窗口；了解梦的本质对了解意识有重要意义。书中说明了研究梦的观点和方法。

这本书的主要内容有：梦的现象，梦的各种学说，梦的成分，梦的脑基础，梦的记忆等。书中对弗洛伊德（S. Freud）的梦理论及梦的解析问题进行评论。

这本书中与意识有关的内容是：一、梦意识。包括梦时脑内意识活动及梦时脑区激活和意识涌现。二、梦的过程。包括梦时脑内信息加工及梦意识流。三、梦的理论框架。包括梦的机制及梦的本质。

《统一框架下的心理学与认知理论》

这本书是探讨心理学的统一理论框架的一本论著，上海人民出版社2007年出版。

书中指出，心理现象中存在不同层次、不同方面的五种心理相互作用，这些心理相互作用是：心理活动各种成分之间的相互作用、心脑相互作用、心身相互作用、心物相互作用和心理与社会相互作用。这些心理相互作用都以心脑系统的活动作为共同的基础，因而具有统一性。

书中还用几种心理相互作用及其统一性的观点研究认知过程，提出统一框架下的认知理论。

这本书涉及意识问题的内容是：书中根据实验事实，提出认知过程中信息加工与意识活动互相耦联的模型，这个模型的主要观点是：

第一，认知过程中脑内同时进行着信息加工与意识活动。信息加工指脑对外部世界的信息进行编码、处理、存储、利用等。意识活动指脑内的主观感受、理解、评估、调控等。

认知过程中的意识活动包括许多方面，如对物理刺激的主观感受，对信息获取的主观选择，对信息意义的主观理解，对事件信息的主观评估，对行为反应的主观意向，对认知过程的主观调控等。它们都是主观的意识活动。

第二，信息加工与意识活动对于认知都是必不可少的，在认知过程中两者紧密耦联，它们同时进行并且互相交叉。信息加工引起意识活动，意识活动指导信息加工，两方面耦联而完成认知过程。

第三，认知中的意识活动包括有意识的、外显的活动，以及无意识的、内隐的活动。在认知过程中，外显的意识活动和内隐的意识活动都和信息加工互相耦联。

第四，认知具有许多组成部分。在认知过程中，这些组成部分之间存在复杂的相互作用。通过认知的不同组成部分和它们之间的相互作用，实现信息加工与意识活动的耦联。用认知的信息加工与意识活动模型，可以对认知的不同组成部分和它们之间不同的相互作用进行统一的描述。

《脑与心智》

这本书是我的一部分论文的汇编，浙江大学出版社2008年出版。

全书有两个部分：第一部分是研究脑的工作机制和认知规律等问题，涉及脑内信息加工、认知、注意、情绪、语言、意识等。第二部分是关于脑与心智研究的评述，包括神经信息学、意识研究等。

书中与意识问题相关的论文有：意识的四个要素理论、有意识和无意识活动的脑能态理论、意识涌现理论、认知的信息加工与意识活动耦联模型、意识问题的研究与展望、意识的神经相关活动的实验探索等。

关于意识涌现的论文讨论了意识涌现的一些特点：

第一，意识涌现过程涉及脑的四个功能系统的许多脑区，并由这些脑区之间的相互作用所决定。其中包括觉醒系统、调控系统、评估系统以及信息加工系统的脑区等。以信息加工系统来说，有大脑皮层的许多脑区参加。在许多脑区之间有复杂的相互作用。信息加工系统的脑区受到其他功能系统的脑区作用，又反作用于其他功能系统的脑区。

第二，在意识涌现过程中发生许多现象，其中包括：大脑皮层给定的脑区的激活和其他脑区的激活，给定脑区和其他脑区之间竞争注意资源，在注意作用下给定脑区的激活受到增强而其他脑区的激活受到抑制，给定脑区激活水平增高、超过意识阈值而使脑区信息加工进入意识等。在这些现象之间存在着紧密的联系。

第三，意识涌现过程是竞争资源和选择与淘汰的动态过程。各个脑区的激活存在着竞争，而不是各自独立无关的。激活水平高的脑区在竞争中占优势，进一步得到增强，而其他脑区则受到抑制，结果是激活水平超过了意识阈值的脑区的信息加工进入意识，而其他脑区的信息加工则不能进入意识。意识涌现过程是随着时间不断进行的，在一次意识涌现过程之后，接着又出现新一轮的意识涌现过程。

第四，意识涌现过程伴随着脑内网络的变动，脑内每一次意识涌现，都是脑内网络的一次重新塑造，并且在脑内形成新的记忆。

《心智的无意识活动》

这本书是关于心智的无意识活动的一本专著，浙江大学出版社2008年出版。

这本书强调，人的心智活动中存在大量的无意识的心智活动，而有意识的心智活动只是人的整个心智活动的冰山一角。

书中说明心智的无意识活动的特性，讨论无意识活动的心理学研究，无意识活动的神经生理学研究，以及无意识活动的脑动力学研究。

书中提出心智的无意识活动的一个理论框架，其中包括无意识活动的以下十个要点：一、脑区的低水平激活。二、两类神经通路。三、多个脑区并行的活动。四、脑的内禀活动。五、信息加工脑区激活的扩散。六、注意的调控作用。七、前意识与后意识。八、内隐认知与内隐记忆。九、内隐情绪与内隐意向。十、自动化的行为。

《一般集成论：向脑学习》

这本书是一般集成论的专著，浙江大学出版社 2011 年出版。

书中根据脑的实验事实，讨论脑内多种类型和多种形式的集成作用、集成过程以及它们的特性。在向脑学习的基础上，归纳各种集成作用和集成过程的一般性概念，提出一般集成论的思想。认为要建立一般集成论的学科，并且讨论一般集成论在多个领域中的应用，建立相应的子学科群。

书中有专门讨论意识集成的一节，认为意识是复杂的心智现象，意识的集成是复杂的心理集成现象的一部分。在本书前面第一部分中“意识的集成”一文引用了书中相关的内容。

《心智游移》

这本书是宋晓兰博士与我合写的讨论心智游移的一本专著，浙江大学出版社 2012 年出版。

这本书在意识理论框架内解释心智游移现象。书中与意识有关的内容有：作为意识流的白日梦、心智的无意识活动、意识全局工作空间的扩展理论等。

书中指出，脑不仅加工外源性信息，即外界刺激提供的信息，而且加工内源性信息，即从长期记忆中提取的信息。把内源性信息的加工看作是脑的工作常态，而外源性信息加工是不稳定态。脑会从外源性信息加工返回到工作常态来，进行内源性信息的加工。

书中强调，人清醒时脑内的意识流中，外源性信息加工和内源性信息加工不断进行切换。相关内容参阅本书前面第一部分“心智游移”一文。

《脑、心智和意识》

这是我关于脑、心智和意识的一本专著，是一本英文书籍，书名是 *Brain*，*Mind and Consciousness*，浙江大学出版社 2016 年出版。原稿用中文写作，由王小潞教授的团队翻译成英文。

这本书汇集了我在先前几本专著中的一些主要观点。书的序言中说：本书分析精神世界中五种不同的相互作用以及它们的统一性，并且从这一视角讨论脑、心智和意识现象的若干方面，如：心智的结构、意识的涌现、认知的特征以及梦的过程等。

这本书包括五个部分：一、脑。二、心智。三、意识。四、梦。五、心理学和认知的统一理论。书中第三部分（意识）有以下六章：一、意识的四个成分。二、有意识、无意识和潜意识。三、无意识的活动。四、无意识的理论框架。五、意识的涌现。六、意识的全局工作空间的扩展理论。此外，书中第四部分（梦）有“梦意识”一章。

第三部分

阅读札记

这一部分是我阅读的几本关于意识的书的简短札记。

近年来，不同研究领域的一些对意识问题感兴趣的科学家，从各自的专业出发，对意识问题提出各种见解。这些不同的见解可以供我们研究意识时参考。

我阅读了一些关于意识的书，多数是与意识有关的神经生物学方面或心理学方面的著作，有的虽然不是专门论述意识的书，但书中有部分章节涉及意识问题。有些则是关于意识的科普著作。与意识有关的哲学方面的著作我读得较少。

我的这些读书札记只用作资料备查，而不是对该书的评介。此外，札记只涉及书中我感兴趣的内容，而不是整本书的札记。

各篇札记按书（原著）出版时间的先后排列，用书名作为各篇札记的标题。

这几本书的作者（不包括翻译者）或主编有：顾凡及、黄秉宪、李恒威、汪云九、杨玉芳以及 B. Baars，S. Blackeslee，S. Blackmore，D. Bor，P. Churchland，F. Crick，A. Damasio，S. Dehaene，D. Eagleman，J. Eccles，G. Edelman，W. Freeman，H. Haladjian，J. Hawkins，J. Hobson，N. Humphrey，C. Koch，S. Laureys，C. Montemayor，C. Schnakers，D. Swaab，G. Tononi，M. Velmans。

《意识的认知理论》

这是心理学家 B. J. Baars（巴尔斯）的著作。原书书名是 *A Cognitive Theory of Consciousness*，1988 年出版。中译本安晖译，魏屹东审校，科学出版社 2014 年出版。

书中讨论了意识体验原理，并且通过一系列累积式模型来阐述意识体验原理。它们是：一、意识表征具有内在一致性和全局分布性。二、无意识语境形成意识经验。三、意识经验负载信息——它总是需要某种程度的适应性。四、目标语境、自发的问题解决和意识流。五、作为控制思想和行为念动的意志。六、注意作为控制意识通道。七、自我是经验和行为最主要的语境。

作者在这本书中全面介绍了他的全局工作空间理论（global workspace theory）。心智活动包括可以被个体觉知的有意识的心智活动，和不被个体觉知的无意识的心智活动。全局工作空间平台的内容是有意识的内容，它的容量有限。全局工作空间的一个重要作用是通达各个相对独立的无意识模块，其有限的容量可以通过与无意识的不断的信息交互而获得补偿，使得有意识的内容虽在某一时刻有限，但是可以动态地更新。

在全局工作空间理论中，除全局工作空间平台的内容是有意识的外，与全局工作空间发生信息交互的各个专家化系统和先前的经验都是无意识的。这些专家化系统的工作是高度自动化的，可以在意识之外平行而高效地进行工作。而先前的经验像是意识活动的背景，它们最初的形成过程可以是有意识的，但最终会以无意识的方式影响意识活动。

作者认为，大量的信息表征是无意识的，而个体能意识到的只是在工作记忆中表征的当前需要的信息。这些信息的表征不是静态的，而是随时间不断变化的。容量有限的有意识过程之所以能够顺利工作，是大量的无意识活动在背后起作用的结果。无意识活动是有意识活动的庞大背景。那些在某一时刻进入意识中心、被个体觉知的是这个庞大背景中的极小部分。

个体意识内容从无意识到有意识是一个连续体，两者之间的过渡区域称为边缘意识，它们的内容是模糊的，全局工作空间的外围就是边缘意识。

意识的全局工作空间理论是一个有启发性的心理学模型。但是有的神经科学家认为，这个模型只是关于意识的一种隐喻。例如《意识的宇宙：物质如何转变为精神》一书中说："这类隐喻不能代替意识的真正的科学理论。"

《脑的进化：自我意识的创生》

本书由神经生理学家 J. Eccles（埃尔克斯）著，英文书名是 *Evolution of the Brain: Creation of the Self*，1989 年出版。中译本潘泓译，上海科技教育出版社 2004 年出版。

这本书论述人脑和人类心智的进化。书中作者问道：进化过程中，心智或动物的意识是怎样在此前无意识的世界里萌发的？动物在进化发展中体验到内心事件，最早是什么时候？与这样的内心事件相关的神经活动，是怎样改善脑的运作性能，从而有益于进化生存的？

为了回答这些问题，作者以达尔文的进化论作为理论基础，收集了大量的科学数据，包括比较解剖学、考古学和古文学、脑生理学、语言生理学等多方面的科学数据。书中用很多篇幅讨论类人猿（它们是最高等的非人类动物）的意识功能特性。

本书着重考察原始人脑的进化：灵活敏捷的二足动物、人猿进化的言语沟通和大脑边缘系统。其中大脑边缘系统又包括：生殖系统、情绪系统的进化、视觉—运动神经系统的进化以及学习记忆的进化等。作者认为，进化中内心体验的出现，为高等动物脑的多种感觉输入提供了一个整合的机制，内心整合图像可能在面对自然选择时有很大的好处。

《一个心智的历史：意识的起源和演化》

这是心理学家N.Humphrey（尼·汉弗莱）的一本关于意识的著作。英文书名是*A History of the Mind: Evolution and the Birth of Consciousness*，1992年出版。中译本李恒威、张静译，浙江大学出版社2015年出版。

本书作者强调意识的感觉特征，认为意识是一种原生的感觉或感受。书中着重谈论“感官意识”，说明感觉的许多特征，如：感觉典型地属于这个主体；感觉典型地与身体空间的位置联系在一起；感觉典型地是模态特异的；感觉典型地是现在时态的；感觉是自我描述的等。

书中指出感觉和知觉的区别，并且讨论从自然界低等生物的感觉到人的感官意识的演化史。

本书考察的重点是感觉的特征，但是没有谈到神经生物学相关的进展。

唐孝威与 Humphrey 夫妇合影，唐孝威（左一），尼古拉斯·汉弗莱（Nicholas Humphrey，左二）。

《惊人的假说：灵魂的科学探索》

这是 F. Crick（弗兰西斯·克里克）写的关于意识的一本科普读物。英文书名是 *The Astonishing Hypothesis: The Scientific Search for the Soul*，1994 年出版。中译本由汪云九、齐翔林、吴新年、曾晓东等译，湖南科学技术出版社 1998 年出版。

Crick 曾在《狂热的追求》一书中回忆说，他在 20 世纪 60 年代末就认为，分子生物学的轮廓到那时已经清晰地勾勒出来了，对他来说，是转到一个新领域的时候了。他断定自己的长远兴趣是意识的本质，于是从 20 世纪 70 年代末起，他就把他的研究领域转到了意识问题。

因为意识问题太复杂、太深奥，过去一些自然科学家不大谈论意识问题，更不敢着手去研究。但是 Crick 认为，意识的本质是目前科学还不能解释的重大问题；要想正确地估价人类自身在周围浩瀚而复杂的宇宙中的地位，彻底地了解意识的本质是十分必要的；课题的魅力和答案的重要性不可避免地推动这个领域的前进。

这本书提出了“惊人的假说”。作者说：“你，你的喜悦、悲伤、记忆和抱负，你的本体感觉和自由意志，实际上都只不过是一大群神经细胞及其相关分子的集体行为。”

《狂热的追求》一书中译本及
F. Crick 教授所赠照片

“惊人的假说”说的是：脑行为的所有方面都来自神经元的活动。作者说：“只有当我们最终真正地理解了脑的工作原理时，才可能对我们的感知、思维和行为做出近于高层次的解释。”

作者问：“主观体验如红色物体产生的‘红’的知觉，或者身体疼痛产生的‘痛’的知觉，是怎样从神经细胞、神经胶质细胞以及相关分子的协同作用中产生出来的？”作者考察了“脑这个复杂机器的一般工作情况”，指出：“它可以在一个感知时间内迅速地处理总量巨大的信息。脑是个丰富的相互关联的信息的载体，它的许多内容是连续变化的。然而这台机器却能设法保存它刚刚所做的各种运行记录。我们通过自己内省得到非常有限的体验，但除此以外并未遇见任何机器具有这种特性”。

Crick 说，要对意识问题进行自然科学的研究。他从视觉意识的研究入手，探讨意识的神经相关物。他和合作者 Koch（科赫）提出了关于意识的一个理论框架。此外，Crick 还研究过梦的机制，提出了快眼动睡眠的反向学习作用的假说。

近年来，实验技术的发展为我们提供了越来越多的关于脑的高级活动的实验资料，使我们可以逐步地了解意识的本质。在 Crick 和其他科学家的鼓舞下，已经有许多不同领域的科学家投身于意识问题的自然科学研究。

《在意识的剧院中：心灵的工作空间》

这是一本关于意识的科普读物。作者是心理学家 B. Baars（巴尔斯）。原书书名是 *In the Theater of Consciousness—The Workspace of the Mind*，1997 年出版。中译本陈玉军等译，沈政、朱滢审校，高等教育出版社 2002 年出版。

作者认为，意识的作用是把分散而独立的各种脑功能整合起来。他在书中提出了全局工作空间（global workspace）的理论框架。

在这本书中，作者用剧院的隐喻来理解意识。书中讲了剧院里的各个部分，包括舞台、前台演员、聚光灯、背景操作员和观众等，对它们一一进行分析和说明。

作者说，剧院里的舞台相当于人的工作记忆系统。他用舞台容量有限来隐喻有意识的体验的容量有限。

作者说，注意类似于剧院舞台的聚光灯。舞台上有随着选择性注意而移动的亮点，即聚光灯照亮的演员。在亮点周围是由模糊的有意识事件组成的边缘地带。

作者说，剧情操作员调控聚光亮点，而在黑暗中的观众则接收亮点的信息。亮点的信息会全局广播给广大的观众，这相当于脑内的全局系统把信息广播给全脑。

这是一个有趣的心理学方面的隐喻（见前面关于《意识的认知理论》一书的札记）。后来 Dehaene（迪昂）等在全局工作空间理论框架的基础上发展了全局神经元工作空间的模型（见后面关于《意识与脑：脑怎样对我们的思想进行编码》一书的札记）。

《意识》

这本书是神经科学家 J.Hobson（霍勃生）关于意识的一本著作。英文书名是 *Consciousness*，1999 年出版。

这本书的主要章节有：意识的研究范式；心智的各个部分；意识状态和脑的状态；意识的涌现；意识的智能研究进路；日常的意识；意识状态的理论模型；意识的异常状态；意识是做什么的。

书中提出了一个意识的模型，称为 AIM 模型，认为由三个因素组成意识的三维状态空间，状态空间的三个坐标轴是 A，I，M。其中 A 是激活水平，即神经生理方面的激活水平高低。I 是信息源，即神经信息方面的加工内部或外部信息。M 是调制模式，即神经化学方面的神经调制模式。当下的意识状态相当于意识三维状态空间中的一个点。

书中以较多篇幅讨论清醒的睡眠等不同条件下的意识状态和脑的状态，还讨论梦的内容和梦的机制，提出了梦的激活合成模型。关于睡眠和梦的讨论包括：清醒与睡眠的比较心理学；梦时增强的意识成分；梦时减弱的意识成分；在快眼动睡眠期间脑内少了些什么；确认睡眠开始；睡眠开始时的梦；非快眼动睡眠期；梦意识的脑基础；梦意识的神经心理学等。

《对发生事件的感受：身体和情绪在产生意识中的作用》

这是神经科学家 A.Damasio（达马西奥）的一本关于意识的科普著作。书名为 *The Feeling of What Happens: Body and Emotion in the Making of Consciousness*，1999 年出版，中译本杨韶刚译，教育科学出版社 2007 年出版。

在这本书的开头，作者这样谈论意识："人类心灵的任何一个方面都是不容易研究的。对那些希望了解心灵的生物学基础的人来说，意识被普遍看作是一个重大的问题。""如果说，对心灵进行阐明是生命科学的最后一块疆界，那么，意识似乎就是在对心灵进行阐明时的最后一个秘密。""意识是有机体对自身的自我和周围环境的一种觉知。""如果没有意识，良心、宗教、社会和政治组织、艺术、科学和技术就不可能出现。"

这本书讨论了身体、情绪、感受和意识等，着重说明身体和情绪与意识的关系，还讨论了自我意识。

作者认为，意识包括客体意象的心智模式和自我感的心智模式。前者是关于人、地点等意象和关于它们的关系的意象，是对某个所认识的东西的时空整合的心智意象。后者是在认知活动中自然产生的自我感的心智模式。他说：“意识，从其最基本水平到最复杂水平，是把客体和自我聚集在一起的那个统一的心智模式。”

作者提出核心（core）意识和外延（或扩展 extended）意识的概念，并且把它们区分开来。核心意识包括感觉，是当时当地的感知。外延意识则不仅有自我知觉，还有对过去的记忆和对未来的预测。作者认为，外延意识以及意识的其他方面，如语言和情绪等，对人非常重要，有关的研究有助于对失语症患者、严重自闭症儿童以及失去自我知觉的病人的治疗。

书中从神经解剖学、神经病理学、神经生理学、神经心理学等角度对脑干上行网状激活系统及其功能进行了详细的讨论。

书中还阐述了情绪的生理机制，对表情分类以及情绪的脑功能定位进行了讨论。

在本书附录中，作者说明了书中一些术语。如表象（或意象 image）、表征（representation）、映射（map）、神经模式（neural pattern）、心理模式（或心智模式 mental pattern）、表象空间（image space）、痕迹空间（dispositional space）等。

《脑的高级功能与神经网络》

这本书是关于脑功能和神经网络的一本专著。中国科学院自动化研究所黄秉宪教授著，科学出版社 2000 年出版。

本书着重从脑内信息处理的角度讨论脑的高级功能和神经网络，主要内容包括：脑是复杂的信息处理系统；脑的基本结构和功能；神经信息的编码和观测；记忆功能的神经网络；思维过程的神经网络模型等。

书中有关于意识与思维的讨论，论述了意识的科学研究，意识的性质和意识在脑内信息处理中的作用等。

作者对意识的看法是：意识是脑的产物，是脑功能的一种表现；意识的常识定义包含感知、识别、推理和判断等一系列脑的功能表现；用实验确定意识和脑的关系是最重要的；意识是生物进化的产物；选择、主导和灵活性是意识在脑内信息处理中的重要功能；意识的产生是为了更有效地适应环境，意识是脑与环境相互作用的高度发展；意识的内容是指向外部的，意识的体验是“主观”的；由于脑具有探索和求新的倾向和主观活动能力，使得意识具有能动作用，可以在一定的环境信息积累基础上，脱离环境的刺激而活动。

《脑怎样产生心智》

这本书是神经科学家 W.Freeman（弗里曼）的关于心智的一本著作。书名是 *How Brains Make up their Minds*，2000 年出版。

这本书的内容包括：自我控制与意向性；意义与表征；神经元与神经元集群的动力学；感觉与知觉；情绪与意向动作；觉知、意识与因果关系；社会中的知识与意义。

作者用非线性动力学的观点讨论意识。在考察意识时，他强调觉知、意向与意义。他在“觉知、意识与因果关系”一章中说：脑是一个动力学系统，意识既是现象学上体验到的一种心智过程，又是连接和嵌入一系列脑状态的一种神经过程。作者认为，必须充分了解因果关系才能理解意识。

作者认为动物具有觉知与意识，相应于动物脑结构和功能的差异，意识的内容与复杂程度各有不同。由于人脑的复杂性和人类的社会活动，人类的意识具有不同的形式。

唐孝威（左二）和 W.Freeman 教授（左三）等在杭州的合影

《意识的宇宙：物质如何转变为精神》

这是免疫学家和神经科学家 G.Edelman（艾德尔曼，或译艾德曼）与 G.Tononi（托诺尼）写的关于意识的一本科普读物。英文书名是 *A Universe of Consciousness: How Matter Becomes Imagination*，2000 年出版。中译本顾凡及译，上海科学技术出版社 2003 年出版。

这本书中引用 Schopenhauer（叔本华）的说法，将“主观经验怎么和可以客观描述的一些事件关联起来”这个谜题称为“世界之结”。作者说：“想解开这个结的希望就寄托在把经得起检验的理论和精心设计的实验结合起来的科学方法。”

书中讨论了意识的特性，如：意识经验的私密性和整体性，同时又有无穷多种不同的意识状态，穷极人们记忆和想象之所能。书中指出脑内存在分布性的神经活动，认为意识相应于既整合又分化的神经活动。

书中强调脑内神经活动“再进入”（或称“重入”或“复馈” reentry）过程对意识的作用。“再进入”是脑内信号沿双向通路传进和传出的过程。作者认为，意识需要强烈的“再进入”，使不同脑区中神经元集群的活动同步化，并把它们“绑定”起来。他们说：“如果阻断这些再

唐孝威（左）和 G.Edelman 教授（右）在杭州的合影

进入相互作用，意识的许多方面就会完全消失掉，意识本身会缩小或分裂。”

Edelman 曾提出神经元群选择理论，称为“神经达尔文主义”，他在此基础上讨论意识问题。这本书提出的意识理论是“动态核心”（dynamic core）假设。认为脑内的丘脑—皮层系统是产生意识的主要部位，这个复杂系统由许多小的区域组成，这些区域通过相互作用形成较大的集群（ensemble），从而产生高度整合的功能。再进入性的动态核心是一个过程。脑内在 500 毫秒或更短时间内形成功能簇，它具有很高的复杂性，并且向其他的再进入性的动态核心转移。

书中提出初级意识和高级意识的概念。初级意识是构造整体性主观体验的能力，但不涉及语言或自我意识。高级意识则与语言、自我、思想、知识等相关。

近年来，Tononi 在“动态核心”假设的基础上提出了“信息整合理论”（Information Integration Theory）。可以参看他在 2012 年写的《PHI：从脑到灵魂的旅行》一书。

《理解意识》

这是一本关于意识的专著，作者是心理学家 M.Velmans（威尔曼斯）。英文书名为 *Understanding Consciousness*，第一版于 2000 年出版，第二版于 2009 年出版。中译本王淼、徐怡译，李恒威校，2013 年浙江大学出版社出版。

这本书的作者力求把哲学、认知心理学、神经心理学和心身关系的临床实践结合起来理解意识，并提出“反身一元论”的意识理论。本书的内容包括三个部分：一、心身的理论及其问题；二、一个新的分析：如何实现科学与体验的联姻；三、一个新的综合：“反身一元论”（reflexive monism）。

这本书以大量篇幅介绍了意识研究的各种观点，特别列举了对第一人称的主观体验与第三人称的意识神经相关物之间的关系的许多看法。我感兴趣的是书中收集的有关意识的实证资料，如知觉、注意、记忆、情感、语言、意识的神经相关物以及脑的疾病等方面的资料。

《意识与大脑：多学科研究及其意义》

这本书是关于意识的一些论文的汇编。这些论文由我国许多作者写作。中国科学院生物物理研究所汪云九教授和中国科学院心理研究所杨玉芳教授主编，人民出版社 2003 年出版。

本书共三个部分，第一部分是意识的哲学、心理学和生理学研究。

唐孝威（左）和汪云九教授（右）合影

其中有“心理学的意识概念”“记忆、注意和意识”“认知神经科学与意识研究”“感觉意识形成的四个基本要素：编码、激活、门控和感觉记忆”“关于意识的系统论观点”“关于意识问题的一些哲学思考”等论文。

第二部分是意识的模型研究和理论研究。其中有“人工智能的回顾”“意识系统模型”“意识机：理论与模型”“意识和脑电复杂性”“从脑功能区动态竞争探讨语言与意识的关系”“意识的计算神经科学研究”等论文。

第三部分是意识障碍、病理和医学。其中有“人为什么有意识？”“意识清晰度测定与意识的神经机制及人工意识”“意识及意识障碍的医学概念与含义”等论文。

各行各业的专家在本书中发表了各自对意识问题的看法，对于国内开展这方面研究和普及这方面知识是有益的。

《人的意识》

这是关于意识的一本参考书，也是了解意识的一本入门书。意识研究专家 S. Blackmore（布莱克摩尔）著。英文书名是 *Consciousness: an introduction*，2003 年出版。中译本由耿海燕、李奇等译校，2008 年中国轻工业出版社出版。

这本书的主要章节有：问题、世界、自我、进化、人工意识、大脑、朦胧地带、意识变式和第一人称方法等。本书的内容广泛，包括：意识的神经基础；意识的神经病理学；意识与注意的关系；自我的本质；意识的进化与机能；动物是否有意识；机器人是否有意识；意识的各种不同状态，如睡眠、梦、催眠；无意识加工等。

在“意识同一性”一章中讨论了绑定问题、同步性、多感觉整合、重入与动态核心。在“无意识加工”一章中讨论了无意识知觉、无意识知觉的启示、问题解决、酝酿和创造力。在“损伤的大脑”一章中讨论了健忘症、忽视、盲视等。

这本书介绍了对“意识”的认识发展。例如，书中引用 20 世纪 60 年代心理学家 G. Miller 对“意识”的描述：“意识是被千万人自由谈论的一个字眼，基于使用它的修辞手法的不同，它可以是一种存在的状态、一种实质、一个过程、一个处所、一种附带的现象、物质显现出来的一个方面或仅仅是一种真实存在的现实。”（Miller：《心理学：一门心理生活的科学》，1962 年）

这本书的特色之一是在书中列出了“人物专栏”，对一些历史人物及意识研究者进行简介，从佛陀（公元前 563 年）、R. Descartes（1596—1650）、D. Hume（1711—1776）、W. James（1842—1910）到 A. Turing（1918—1954）等。

另外，书中还列出了“概念专栏”，对一些概念进行解释。如：意识是什么、难题（即“困难问题”）、自我理论、意志和计时、绘制大脑的地图等。

《意识探秘：意识的神经生物学研究》

这是神经生物学家 C. Koch（科赫）写的关于意识的一本专著。英文书名是 *The Quest for Consciousness: A Neurobiological Approach*，2004 年出版。中译本顾凡及、侯晓迪译，上海科学技术出版社 2012 年出版。

这本书是 F. Crick（克里克）和 Koch 意识研究工作的总结。书中对意识问题的许多方面进行了讨论，内容丰富。

书中着重讨论意识的神经相关物（neural correlates of consciousness，简称 NCC），提出了“神经元集群”（neural coalition，或译为“神经元联盟”）的概念，认为脑内竞争性的一小组神经元集群产生和控制意识。作者认为，为了产生某种特定的知觉，在脑内至少要有特定部位中的一些神经元集群，它们是足以产生某个特定知觉或体验所需要的神经机制或事件的最小集合。他们集中对视觉的神经元集群进行研究。

然而，目前许多实验表明，意识体验是脑内许多相关系统的协同活动产生的；仅仅有特定脑区的特定神经元集群，还不足以产生意识体验。

这本书中提出了意识的一个理论框架，列举意识的十个要点：一、无意识的侏儒（homunculus）；二、刻板（zombie）模式；三、神经元集群（coalition）；四、外显（explicit）表征；五、高层次优先；六、驱动性和调制性联系；七、快照（snapshots）；八、注意和绑定（binding）；九、发放的风格（styles）；十、边缘效应（penumbra）及意义。

近年来 Koch 和 Tononi 合作进行“信息整合理论”（亦称“整合信息理论”）的研究。（参见：Tononi, Koch: Consciousness: here,there and everywhere? Phil.Trans. R. Soc. B. 2015, 370: 20140167）

《人工智能的未来》

这本书的作者是 J. Hawkins（霍金斯）和 S. Blackeslee（布拉克斯莉）。英文书名为 *On Intelligence*，2004 年出版。中译本由贺俊杰、李若子、杨倩译，陕西科学技术出版社 2006 年出版。

Hawkins 是发明掌上型电脑和智能电话的计算机工程师。他认为，目前人工智能和人工神经网络的研究都只注意使机器在行为方面模拟人脑，而不是真正去了解人脑的工作原理。他说，他想理解智能是什么，以及大脑是如何工作的，希望能制造出像大脑那样工作的机器。

这本书谈到的内容有：人工智能、神经网络、人脑、记忆、智能理论新架构、大脑皮层工作原理、意识和创造力、智能之未来。在“意识和创造力”一章中，有一节讨论意识。作者认为，意识可以分为两类：一类是类似陈述性记忆，就是个体能够回忆起来而且告诉他人的自我记忆，它们可以用语言来表达；另一类是可感受性。作者把可感受性的问题换一种提法，问道：“为什么不同的感觉（例如视觉和听觉）看上去确有本质上的不同？为什么视觉不同于听觉，听觉又不同于触觉？”

作者在这本书中提出的脑模型是“记忆与预测模型”。作者认为，“不管意识如何界定，记忆与预测对于它的产生起着决定性的作用。”

《我即我脑》

这本书是荷兰神经科学家 D. Swaab（斯瓦伯）的一本关于脑的科普著作，2010 年出版。中译本王奕瑶等译，包爱民审校，中国人民大学出版社 2011 年出版。

这本书的主题是："我即我脑，大脑决定人生。"书的内容广泛，涉及记忆、情感以及自由意志、道德等许多方面。本书的一个特点是详

唐孝威（前排左三）与 D.Swaab 教授（前排左二）、加拿大科学家 G.Northoff 教授（前排左一）等合影

细讨论了脑的各种疾病，如抑郁症、精神分裂症、自闭症、AD 症、PD 症、忽略症、植物人状态、闭锁综合征、昏迷等，还谈到了脑的这些疾病产生的根源和治疗的方法。

书中有一章专门讨论大脑与意识。作者分析了植物人状态患者，指出大脑结构之间的功能性联系对意识的重要性。他认为："意识可以被看作大脑庞大的神经细胞网络中的一些特定的区域联合运作而产生的一种新的属性。""当外界刺激通过感官和身体经过丘脑抵达大脑皮层时，大脑皮层还不足以使人们对这些刺激产生意识。""如果想要完整的意识，那么这些抵达大脑皮层的刺激必须积极地与其他脑区交流。"他说："大脑皮层、丘脑以及这些大脑区域之间的功能性耦联，对于意识而言至关重要。"

本书作者曾任荷兰脑研究所所长，是荷兰人脑库的奠基者。书中介绍了荷兰人脑库的情况。

《意识：从自我到自我感》

这是一本关于意识和自我的哲学著作。浙江大学人文学院李恒威教授著。2011 年浙江大学出版社出版。

本书导论中说："要想真实而全面地理解人类（甚至动物）的心智和认知，那么不谈论意识是不可能的。"这本书的主要内容有：意识的现象本性与结构、生命自我、感受与自我感、意识的形而上学："两面一元论"。

本书介绍了若干意识概念，如造物意识、状态意识、及物意识与不及物意识、反思意识或内省意识、现象意识、前反思的自意识等。作者认为，意识研究涉及三个基本层次的问题：第一，意识的现象学问题；第二，意识的实证科学问题；第三，意识的形而上学问题。这三个层次是相互渗透、相互制约、相互促进的。上述任何单一孤立的层面的研究，都不足以完成对意识的全面认识。

这本书关于意识的基本观点是：第一，意识是一个演化—发展上的生物现象。第二，在意识的本性和结构方面，认为与无意识生命主体的无知无觉相比，意识的本质就是觉知。第三，在意识的形而上学方面，表述了"两面一元论"（或称"一体两面论""视角二元论"）的自然观。

据我所知，P.de Chardin（德日进）的“泛心论”认为，意识的初级形式存在于每个微粒中，甚至存在于那些大分子以及之下的微粒中。这一观点目前是有争议的。

《隐藏的自我：大脑的秘密生活》

这是介绍意识问题的一本科普读物。本书的作者 D. Eagleman（伊格曼）是一位神经科学家。原书书名为 *Incognito: The Secret Lives of the Brain*，2011 年出版，中译本唐璐译，湖南科学技术出版社 2013 年出版。

作者在本书中举出许多实验事实，说明意识来自大脑。他强调，人的心智、思想和行为的各个方面，都是脑和周围环境复杂相互作用的结果。

书中着重说明无意识现象。作者认为："大部分我们所做、所想和所感受的，都不受我们意识控制。有意识的自我是你的脑中发生的事情的很小一部分，它的大部分运作都不受意识思维的监管。"

作者在这本书里提出脑的"对手团队竞争"（team of rivals）的理论，认为脑是对手团队，即由竞争对手组织成的团队。在竞争的交叠系统中，对手以不同、交叠的方式对问题进攻。书中具体分析了脑内理性系统和情绪系统之间的竞争，以及脑的左右两半球之间的竞争。

作者对于"为何要有意识"的问题的回答是：意识的存在是为脑内各部分分配控制权，使得各个部分可以正常地通信和发放资源。他说："我认为要判断是不是有意识，一个可行的指标是成功调解脑内僵尸系统的冲突的能力。"（人们把脑内那些不需要意识觉知参与就能发挥功能的系统称为 Zombie，它可以译为"刻板模式"或"无魂人"，也有像这本书里译成"僵尸系统"的。）作者说："我们都有过犹豫不决的时候，但人类在程序之间进行仲裁的能力让我们得以对逃出迷宫做出决定。"

这本书介绍了神经科学实验，但是没有讨论脑如何产生意识的问题。

书中谈到了特尔斐城阿波罗神庙前刻的一句话："认识你自己。"作者问道："认识你自己，这到底是什么意思呢？我们能不能通过对神经生物学的深入研究认识自己？"他认为："要认识自己，可能也需要改变'认识'的定义。要认识自己，首先需要认识到：意识的自我只占据了脑大厦的一小部分，要认识到：我们自己复杂到超出我们内省的直觉。"

《贪婪的大脑：为何人类会无止境地寻求意义》

这是一本介绍意识运作模式的科普读物。本书作者 D. Bor（博尔）是一位研究意识的神经科学家。原书书名为 *The Ravenous Brain: How the New Science of Consciousness Explains Our Insatiable Search for Meaning*，2012 年出版。中译本林旭文译，机械工业出版社 2013 年出版。

作者在这本书的前言中这样谈论意识："意识是生命的本质，我们通过意识才认识自己。意识是感觉的堡垒，是思想的熔炉，是情感的家园。正因为有了意识，我们的生命才有意义。"

对于意识的特性，作者认为："意识是大脑的产物，而大脑是一台计算机。"作者把意识看作是大脑这个生物计算机的运作过程。他说："像其他计算机一样，大脑的主要目的是信息处理，这和人们经常强调的主观感受不一样。"

对于意识的主观性，作者的见解是："总有一天，主观性这个哲学谜题会被解开。主观性不再是意识科学探索中一个永恒的、无法跨越的障碍，而仅仅反映了这样一个事实：到目前为止，我们还不能深入了解大脑处理信息的方式，还缺乏获取和操控信息的专门的知识和技能。"

作者从大脑进化史出发讨论思维科学。还从意识神经科学的角度讨论意识的神经基础，叙述了脑的前额叶—顶叶网络的功能以及它与意识的关系。

这本书中讨论了无意识和有意识、注意和工作记忆以及意识的形成和意识的层次。书中谈到了动物的意识、婴儿的意识以及自由意志的问题。书中还谈到了大脑严重损伤和意识障碍，以及意识异常导致的各种精神疾病。

这本书中叙述了意识的一些理论，并且对它们进行评论。如："循环过程模型"（recurrent processing model，亦称"循环加工模型"）；"神经元全局工作空间模型"（the global neuronal workspace model）；"信息整合理论"（information integration theory, 亦称"整合信息理论"integrated information theory）等。

对于"循环过程模型"，作者认为它不能深入解释意识的本质和目的。对于"神经元全局工作空间模型"，作者认为它没有进一步挖掘意识的本质。对于"信息整合理论"，作者认为它只讨论意识机制，而不谈大脑运作的具体情况；他还指出，这个理论没有以任何方式将不断增强的神经活动与意识的产生联系起来。他强调说："目前的理论只是处于意识研究的起步阶段。在我看来，将来的理论要将注意作为意识研究的关键因素。如果能够将工作记忆也包含到意识研究中，那么结果将更可信。"

《PHI：从脑到灵魂的旅行》

这是一本关于意识的科普读物。本书作者 G. Tononi（托诺尼）是一位神经科学家和精神病学家。原书书名为 *PHI: A Voyage from the Brain to the Soul*，2012 年出版。中译本林旭文译，机械工业出版社 2015 年出版。

本书作者以丰富的想象力，借用伽利略的旅程来说明他对意识的见解，寓意是当年曾经为科学的客观性开辟了道路的伽利略，现在开始了对主观经验的探索旅程。书中通过虚构的伽利略与克里克、图灵、达尔文之间的对话，从神经科学、信息科学和生物进化论等不同角度讨论意识问题的许多方面。

这本书讲述了脑的结构，以及脑的许多不同状态，如：睡着的脑、着魔的脑、分裂的脑、矛盾的脑、闭锁的脑、死亡的脑等。书中讲到感知觉的疾病，如盲人、色盲等，以及脑的许多疾病，如植物人、痴呆症、帕金森症、闭锁综合症、抑郁症、癫痫症、失忆症、精神分裂症、癔症性失明症等。

作者在这本书中给出了自己对意识的几个问题的回答。对于“意识是什么”的问题，他说：“意识是由整合信息形成的一种形状。”对于

“意识的神经基础是什么”的问题，他提出了以下许多实验事实，如：大脑皮层—丘脑系统产生意识；小脑不产生意识；感觉输入与感觉通道对于意识的产生不是必需的；运动输出与运动通路对于意识的产生不是必需的，也不足以产生意识；负责视觉、听觉、记忆、语言、行为的脑回路对于意识的产生不是必需的；脑分裂为两半则意识也会分裂为两半等。

作者认为，意识要有脑内各个部分之间的交流和合作。在无梦睡眠中，意识会消失。当大脑皮层的神经元同时猛烈发放，如癫痫发作时，意识也会消失。关于意识的神经相关物的活动怎样会引起意识体验的问题，作者的解释是：“复杂信息整合产生意识。”他把他的理论称为“意识的整合信息理论”，亦称“信息整合理论”。

这是一本有趣的科普读物，书中叙述了许多故事，还提到探索与发现、创造与发明以及真、善、美等问题。书中讲到一些历史人物和古代神话，引用了不少精美的艺术作品的照片。

《意识与脑：一个还原论者的浪漫自白》

这是关于意识的一本科普读物。本书作者 C. Koch（科赫，或译科克）是一位研究意识的神经生物学家。英文书名为 *Consciousness: Confessions of a Romantic Reductionist*，2012 年出版。中译本李恒威、安晖译，机械工业出版社 2015 年出版。

这本书的作者谈了他对意识的见解。他举出四种对意识的定义：常识定义、行为定义、神经定义和哲学定义。常识定义是：意识等同于我们内在的心智生活。行为定义是：意识是一系列的行动或行为，它确保任何能做出一个或多个行为的有机体是有意识的。神经定义是：要求指明任何一个有意识的感觉所需的最小的生理机能组织。哲学定义是：意识是感受某物像是什么。但是作者认为，这几个定义没有一个是根本的。

这本书中用许多篇幅从神经生物学的角度讨论意识，介绍了功能磁共振成像技术和光遗传学技术的原理和应用。在叙述与意识相关的神经基础后，作者说“要在脑中发现意识”“并非所有的神经元都参与意识”“新皮层的高级区的神经元与意识紧密相关”“一些特定的、小块的大脑皮层主管特定的意识内容”“皮层两个半球的每一个都能产生意识”等。书中讨论了注意的神经机制，指出注意和意识并不相同。

书中谈到脑和精神的一些疾病，如：植物状态、最小意识状态、面孔失认症、癫痫等。书中还讨论了自我意识、无意识以及自由意志等问题。

作者说："我追求的终点是一种理论，它能解释物理世界如何以及为什么能产生现象体验。这样一种理论不可能是模糊的、空想的，而必须是具体的、可量化的和可检测的。"

这本书是在《意识探秘》一书（*The Quest for Consciousness*，2004 年出版）8 年后出版的。对照阅读《意识探秘》一书会有助于了解作者对意识认识的发展。例如在这本书里，作者强调了“意识的促成因素”，认为："皮层及其附属结构的局部属性调节意识的特定内容，而全局属性则对维持意识是关键的。""无论是局部方面还是全局方面，对意识而言都是关键的。"

这本书还从信息的角度讨论意识，作者在对“意识的涌现理论”“意识两面论”“意识全局工作空间模型”等进行评论后，强调要用信息理论来解释意识。他称赞 Tononi 的“整合信息理论”，说它是意识的“最具有思辨性的解决方案”。但他又指出“整合信息理论没有涉及它与外部环境的关系”“整合信息理论没有讨论系统输入与输出的关系，也没有解释记忆或计划活动”。

作者在书中回顾了自己的研究经历以及生物学家 F. Crick（克里克）的一些故事。

《昏迷和意识障碍》

本书英文名是 *Coma and Disorders of Consciousness*，由 C. Schnakers（史内克）和 S. Laureys（劳伦斯，或译劳瑞思）主编，由许多专家写作，2012 年出版。中译本何江弘、徐如祥主译。湖北科学技术出版社 2015 年出版。

本书“序言一”中说：“这本书是千百年来人类一直依靠自身努力追寻‘意识所在地’的继续。”“序言二”中说：“这本书将成为此领域所有临床医生和研究人员的经典参考之作。”

唐孝威（中）与 Laureys 教授（左）、狄海波教授（右）合影

本书把异常意识状态列出许多不同的意识水平，如：脑死亡、昏迷、植物状态（VS: Vegetative State）、最小意识状态（或称微意识状态，MCS: Minimally Conscious State）、闭锁综合症（LIS: Locked-In Syndrome）等。

本书内容包括：昏迷和意识障碍；意识障碍的行为学评估；诊断方法：脑功能影像、电生理学等；治疗方法：感官刺激疗法、脑深部电刺激、药物治疗等；异常意识状态患者的预后；意识障碍的伦理学问题等。

书中关于感官刺激疗法的内容值得注意。这种方法是根据脑的可塑性，构建丰富的外部环境，潜在影响患者脑的结构和功能，进行脑的重塑。

《触碰神经：我即我脑》

这是关于意识的一本科普读物。英文书名是 *Touching a Nerve: The Self as Brain*。作者 P. Churchland（帕特里夏·丘奇兰德）是一位对脑有强烈兴趣的哲学家。本书2013年出版。中译本李恒熙译，机械工业出版社2015年出版。

本书作者从神经科学的角度谈身体与灵魂、无意识与有意识。书中讨论了各种无意识活动，如：阈下刺激的无意识、无意识的决定、无意识的情绪等。作者谈论了自由意志、自我控制、道德和宗教。作者还关心各种神经疾病的治疗和预防。

在讨论意识时，作者认为，要把支持产生意识的结构，也就是对任何东西产生意识都需要的结构，和对这个或那个具体事物产生意识所需要的结构区分开来，后者指的是意识的内容。作者指出："脑干+中央丘脑+皮层，这三个部分的协调活动是我们终究能够产生意识的支持性结构。"

在意识理论方面，本书着重介绍了Baars的全局工作空间理论，以及Dehaene和Changeux的神经元全局工作空间模型。在介绍全局工作空间理论框架时，作者谈到了意识的五个特征：第一，人意识到的感官信号是经过高度整合的；第二，在感觉信号与背景知识之间必定存在整合；第三，意识的能力是有限的；第四，新的环境需要有意识的注意；第五，有意识的信息可以被其他许多脑功能使用。作者还对与意识密切联系的注意和工作记忆进行了讨论。

《意识与脑：脑怎样对我们的思想进行编码》

这是一本介绍意识与脑的科普读物，书中说明脑怎样对思想进行编码。本书作者 S. Dehaene（迪昂）是研究脑和意识、脑的阅读和脑的数学加工的一位神经科学家。书名为 *Consciousness and the Brain: Deciphering how the Brain Codes our Thoughts*，2014 年出版。

这本书包括的内容有思想的材料、意识进入实验室、探索无意识的深处、意识有什么好处、有意识思维的特征、意识理论、最终检验、意识的未来等。

作者和 J. P. Changeux 在 Baars 的全局工作空间模型的基础上提出神经元全局工作空间模型，他们着重研究全局工作空间模型的神经机制。作者强调了“意识通达”（conscious access）的概念。

书中介绍了作者和合作者关于意识的一些实验。在其中一个实验中，他们让受试者看呈现的字。在意识觉知阈值附近，改变刺激的大小。受试者对呈现的字时而有觉知，时而没有觉知。用脑功能成像技术测量这两种情况下受试者脑区的激活，还用脑电技术记录这两种情况下受试者的脑电图。

当刺激在觉知阈值以下时，受试者说，对字没有觉知。这时一些

唐孝威（左）与 S. Dehaene 教授（右）的合影

脑区有激活。当刺激的大小达到觉知阈值后，这些脑区的激活发生很大的变化，例如识别字的脑区的激活水平增强了 12 倍。还有其他脑区激活，激活分布到顶叶和额叶，达到前扣带回。这时受试者说，对字有觉知。作者认为，前额叶皮层中的长距离的椎体神经元相应于意识的全局工作空间。

书中列举意识的四个特征。第一个特征是：当刺激达到觉知阈值时，脑激活被强烈地放大，并且扩展到许多脑区，从而引起顶叶—前额叶网络的突然“点燃”（ignition, 亦称“爆发”）。第二个特征是：意识的通达表现为在刺激之后约 1/3 秒时脑电出现 P3 脑电波。第三个特征是：在有意识加工时，电极测量到突然爆发的高频振荡。第四个特征是：在有意识加工时，远距离脑区之间有信息交换的同步化现象。

他们的实验和理论研究对于了解无意识的局部加工与有意识的全局加工之间的转变具有重要意义。

Koch 在《意识与脑：一个还原论者的浪漫自白》一书中，对全局工作空间模型和神经元全局工作空间模型有下面的评论：“它们不能回答这样的问题：大脑皮层前后部位之间反射的整合的神经活动为什么形成有意识的体验？为什么用长程皮层纤维的‘扩音器’进行的信息播报会引起感受？这些模型仅仅声称这就是所发生的，但它们没有解释是如何发生的。”

这本书还讨论了意识研究与医学临床的关系。作者说：“意识理论的最终检验在于医学临床。”作者希望根据意识理论，设计测量意识的实验装置，并且找到修复意识障碍的医疗方法。

《脑海探险——人类怎样认识自己》

本书是复旦大学顾凡及教授写的关于脑与心智的一本科普读物。上海科学技术出版社 2014 年出版。

这本书详细介绍了人类探索和认识脑与心智的历史。内容包括脑的功能定位、神经系统的工作原理、认知神经科学、“裂脑人”研究、进化中的脑、脑与心智的交叉科学研究等。书中穿插了一些科学家的传记。

书中有一章是谈意识研究的。这一章的题目是“世界之结——意识之谜”。作者说:“具有高级意识是人类的最大特点。由于这个问题既大又难，因此专辟一章加以介绍。”其中着重介绍了 Crick（克里克）、Koch（科赫）、Edelman（埃德尔曼）、Damasio（达马西奥）等科学家对意识的研究。

唐孝威（后排右五）与其他教授开会时合影

《意识、注意和有意识的注意》

这是关于意识与注意的一本著作，作者是C. Montemayor和H. Haladjian。书名是*Consciousness, Attention, and Conscious Attention*，2015年出版。

本书的主要章节有注意的形式（forms）、意识的形式、有意识的注意、意识—注意分离、有意识的注意的进化等。

书中讨论了意识和注意的关系。作者说，注意是脑的功能，而意识是心智现象，人们通常不大讨论其功能。书中列举的资料表明，意识和注意可以有不同程度的分离。他们把意识—注意分离简称为CAD（Consciousness and Attention Dissociation）。作者还从进化的角度讨论了意识—注意分离。

书中说，注意是进行选择与分析。在心智活动中个体选择和分析不同种类的信息，并对特定的信息进行加工。这种选择过程决定了个体心智的内容。

书中说，意识是进行整合与统一，人们在讨论意识时常常关注知觉，而本书讨论意识时还关注记忆和专门知识。

作者认为，有意识的注意是意识和注意的重叠。对有意识的注意的研究有助于进一步理解人的心智。此外还存在无意识的注意，它们是个体没有觉知的。

《脑科学的新故事——关于心智的故事》

这是关于心智的一本科普书。复旦大学顾凡及教授著，上海科学技术出版社出版。

这本书是《脑科学的故事》一书的续集。那本书中介绍了脑和神经细胞的基础研究、脑的可塑性、对脑的交叉学科研究等，也谈到和视知觉有关的问题。

这本书讲述心灵的故事，包括感知觉的故事、记忆的故事、情绪的故事、注意的故事以及意识的故事。在意识方面，书中讲述了意识各种观点的故事、意识私密性的故事、同感和镜像神经元的故事、下意识的故事、自由意志的故事、自我的故事、神经法学的故事以及“植物人”的故事。

我为这本书写了以下简短的评介：“本书是一本很好的科普读物，书中介绍了有关心智与意识的大量事实，引人入胜。脑与心智科学是一个重要的科学领域，意识的本质是脑与心智科学中尚未解决的重大科学问题。希望有志科学研究的青年投身这个领域工作，为人类了解心智与意识和防治心智的疾病做贡献。”

附录

附录中收录三篇相关的资料，其中两篇是关于我早先的意识研究的介绍，一篇在2005年发表，另一篇在2012年发表。收录这两篇文章是为了把它们和我近来的工作进行对照。近年来，我对原有工作加以充实（如：前面第一部分中“意识集成论”一文及附录的第三篇“意识定律”一文，这是我在2017年发表的论文），有所扩展（如：前面第一部分中“心智游移”一文），并强调应用（如：前面第一部分中“意识的应用研究”一文）。

唐孝威的意识论

汪云九

（中国科学院生物物理研究所）

我国学者唐孝威于2004年出版了《意识论》专著，这是第一本由我国学者撰写的关于意识问题的著作。唐孝威在归纳和分析目前关于意识的实验资料的基础上，讨论了意识问题的各个方面。研究结果可以总结为意识的以下四个规律：

（1）在意识结构方面，提出了意识的四个要素理论。这个理论认为意识有内部结构，意识有四个要素：意识觉醒、意识内容、意识指向和意识情感。这四个要素紧密联系不可分割，而且四个要素之间有各种相互作用。

由此可以得出意识的第一规律，即意识结构的规律或意识要素律——意识具有内部结构，意识是由意识觉醒、意识内容、意识指向和意识情感四个要素以及它们之间的相互作用组成的整体的心理活动。

(2) 在意识基础方面，提出了脑的四个功能系统学说，这个学说强调，脑是意识的物质基础，脑具有觉醒系统、信息加工系统、调控系统和评估情绪系统等四个功能系统。

意识的四个要素是脑的四个功能系统共同作用的结果，其中，意识觉醒要素主要基于脑的第一功能系统的活动，意识内容要素主要基于脑的第二功能系统的活动，意识指向要素主要基于脑的第三功能系统的活动，意识情感要素主要基于脑的第四功能系统的活动。在脑的四个功能系统之间有复杂的相互作用。意识的四个要素及它们之间的相互作用，其脑机制就是脑的四个功能系统的激活、相互作用和协调活动。

由此可以得出意识的第二规律，即意识脑机制的规律或意识基础律——意识的四个要素分别以脑的四个功能系统为基础。意识的脑机制是脑的四个功能系统的许多脑区激活、相互作用以及协调活动的过程。

(3) 在意识过程方面，提出了意识的脑区能态理论和意识涌现理论。脑区能态理论认为，大脑皮层的脑区可处于不同能态，大脑皮层一定脑区进行信息加工时分有意识、无意识和潜意识等不同情况，它们分别相当于这个脑区的不同能态。有意识、无意识和潜意识具有统一性。

意识涌现理论认为，脑区间的相互作用使脑区发生能态跃迁，当给定脑区的激活水平超过意识阈值，就由潜意识或无意识加工转变为有意识加工。意识涌现是脑区能态跃迁和许多脑区激发态之间不断进行竞争与选择的结果。在注意的作用下，许多脑区激发态之间的竞争、选择和传播的过程形成意识流。

由此可以得出意识的第三规律，即意识过程的规律或意识过程律——在相关脑区的支持和调控下，当大脑皮层某个脑区的激活水平达到意识阈值时，其信息加工进入意识。意识涌现过程和意识流过程都是许多脑区激发态之间竞争、选择的过程。意识流过程是脑区激发态传播的动力学过程。

(4) 在意识发展方面，提出了意识发展历史的理论。这个理论认为，脑是进化的产物，脑是意识的基础，个体脑的发育是个体意识发展的基础。随着个体脑的诞生、发育、衰老和死亡，个体意识有发生、发展、衰退和终止的历程。个体诞生后才有个体意识，个体意识在实践中形成和发展。个体意识有脑的先天基础，并由于脑的可塑性而在后天学习中得到发展。个体意识的历史是个体意识四个要素发展的历史。一旦个体脑死亡，个体意识就会终止。

由此可以得出意识的第四规律，即意识发展的规律或意识发展律——个体意识随着个体脑的发育过程而有发生、发展、衰退和终止的历程。个体意识是在先天遗传基础和后天环境作用中发展的。

在上述讨论的基础上，就可以尝试建构意识的理论体系。这个理论体系根据唐孝威提出的研究意识的观点和方法，以意识的四个规律为核心，构成一个由一系列理论组成的总体框架，其中包括：意识的四个要素理论；脑的四个功能系统学说；脑区激活与相互作用定律；脑区能态理论；有意识、无意识、潜意识统一理论；意识体验定律；意识涌现理论；意识流的动力学理论；意识发展历史的理论等。在这个总体框架下可以对意识的各种现象做统一的解释，以这个总体框架为基础，需要对理论体系进行更多实验和理论研究，以此来加以检验和充实。

根据前面的讨论，可以对意识的许多有争论的问题做出回答，如：意识的神经相关物是什么？意识活动有哪些脑区参与？意识是专一性的脑区的活动还是脑的整体活动？意识是觉知还是状态？意识是表达还是过程？总之，意识究竟是什么？

意识的神经相关物是什么？意识的四个要素理论认为：意识要素及其相互作用都有相应的脑机制，脑的四个功能系统的协调活动是意识的基础。

意识是包括各个意识要素及其相互作用的复杂活动，所以整体意识的神经相关物不是单一的。意识有四个意识要素，每个意识要素分别有其神经相关物，可以称为意识要素的神经相关物。在各个意识要素的神经相关物之间，有不同的相互作用。因此，意识的神经机制包括各个意识要素之间相互作用的神经机制。

意识活动有哪些脑区参与？与意识相关的脑机制是复杂的，因为不存在单一的意识的神经相关物，所以需要分别研究与意识觉醒、意识内容、意识指向和意识情感相关的脑机制，以及它们之间的相互作用，才能全面了解意识的脑机制。

按照意识四个要素理论和脑的四个功能系统学说，意识是脑的四个功能系统中与意识有关的许多脑区参与的协同活动。意识的神经相关物既包括信息加工系统的脑区，也包括觉醒系统的脑区、调控系统的脑区和评估情绪系统的脑区等。

意识是专一性的脑区的活动还是脑的整体活动？脑的四个功能系统的许多脑区参与意识活动，所以意识过程是全脑的分布式的活动。同时，意识活动的内容由信息加工的大脑皮层局域性、专一性的脑区进行表达。与意识内容相关的脑区，是大脑皮层在解剖上局域性、功能上专一性的脑区。因此，意识过程必定要包含大脑皮层局域性的、专一性的脑区的活动。意识具有整体性，同时又可以分解为具有心理学意义的意识的四个要素。对意识的四个要素进行分析，然后加以有机整合，就能形成对意识整体性的了解。

唐孝威的意识理论是综合了国内外关于意识问题的心理学、生理学和脑结构研究的最新成果，并运用物理学研究中的概念和方法，而提出的一种系统的高屋建瓴式的理论框架。对中国读者来说，唐孝威的意识理论比 Crick 和 Edelman 的理论框架更容易理解和接受。当然，唐孝威关于意识的理论框架提出的这些原则，需要进一步的具体化来加以充实。在这个理论框架的基础上，2008 年他总结了无意识活动的规律[3]，还和合作者提出了意识全局工作空间的扩展理论[4]。

参考文献

唐孝威．2004. 意识论——意识问题的自然科学研究 [M]. 北京：高等教育出版社．

曹丙利，唐孝威．2005. 意识神经相关活动的实验探索 [J]. 自然科学进展，15（9）：1025–1031.

唐孝威．2008．心智的无意识活动 [M]. 杭州：浙江大学出版社．

宋晓兰，唐孝威．2008. 意识全局工作空间的扩展理论 [J]. 自然科学进展，18（6）：622.

本文引自汪云九“意识研究的理论和实验进展”一文

全文原载《神经信息学与计算神经科学》一书，第 24—45 页

2012 年浙江科学技术出版社出版

意识特性的理论框架

曹志彤　朱蕾　方加忠
（浙江大学理学院）

一　引言

鉴于脑科学对于探索生命体中具有最复杂结构和功能的脑及其疾病防治和信息处理机制的重要性，人类对脑的研究正在快速发展。认知科学及智能信息处理是目前迫切需要研究的重要科学问题。意识直接涉及认知科学及智能信息处理的核心内容。

自从笛卡尔提出二元论假设，意识就被认为远远超出了物理学研究的范围，或者说需要一种超越人类分析能力的特殊物理学理论。在过去的十几年，脑成像技术（fMRI 、PET、MEG 脑磁图、EEG 脑电图等）的发展提供了研究人类自身意识与认知功能的基础。人们对脑功能神经活动区的定位，对攻克意识难题提供了实验资料，无论在国际上还是国内，都聚集了一大批学者开展深入研究。克里克（F. Crick）在 1994 年就强调指出，现在是使用自然科学方法进行意识研究的时候了。

由于脑功能机制的复杂性，人类感知、运动、学习记忆，乃至意识、情感、思维都是脑的整体行为，是从分子、细胞、突触、通道、回路、簇、系统多层次巨量神经元在时空上高度协同活动而完成的，这样一个高度非线性复杂系统的研究是极其困难的。然而，人们可以从物理科学原则和进化理论考虑，将脑神经功能研究分解到分子、细胞、突触、通道、回路、簇、系统各个层面进行研究，努力构建意识特性的理论，构思意识体验的框架。目前对意识的普遍认识是，意识不是实在的事物，意识是一个过程，这个过程由脑、身体和环境之间的协调作用而产生。意识是一个具有多重特性的多维过程。

2003年初，艾德曼（G. M. Edelman）和唐孝威分别发表了关于意识的论文，指出了意识特性的理论框架。诺贝尔奖获得者、美国洛克菲勒大学艾德曼在2003年4月《自然》杂志上发表了“意识特性与理论框架”论文，他在文中还提到，他的脑内神经活动的重入动态核理论，得到克里克和科克的认同。我国唐孝威在2003年3月出版了《脑功能原理》一书，从物理学角度研究了脑科学。本文的意图是，对这两位学者在意识特性理论方面的研究进行比较。我们发现，他们对脑功能活动的实质以及神经信息加工的动态整合过程认识竟如此相近，对意识本质理论的描述也如此吻合。他们的研究也指明了进行脑科学研究的物理学方向：随着脑成像技术的发展，从中可以获取丰富的脑神经信息，人们可以从系统层面上建立表征脑复杂性的数学物理模型，辨识脑神经各部分之间的关联作用。脑神经活动的系统研究成为新的国际前沿。

二　脑区激活与相互作用理论

唐孝威指出，在脑的系统水平上，脑功能活动是脑整体网络中大量功能子系统分工与整合的动态过程。脑功能活动的实质是脑功能子系统相关脑区的激活与相互作用。其主要学说为神经元簇层次性编码假说及脑区激活与相互作用定律。神经元簇层次性编码假说揭示神经信息在脑内的编码、表达和加工，而脑区激活与相互作用定律则给出了脑功能特性参量的定量描述，归纳了激活衰减律、输入激活律、输出作用律、易化与反作用律的数学表达。

神经元簇的层次性联合编码假说指出，神经编码的基本单元是神经元簇。神经元簇是在一定时间窗口（例如 100ms），由一群功能及定位（内部神经元共同活动，即发放速率同时增加）都比较接近或相关的神经元构成。神经元簇具有选择性的专一特征表达，对该特征刺激反应最强烈，而对其他刺激的反应随该刺激和产生最强刺激间的差距增长而减弱；神经元簇编码具有层次性联合表征的基本性质，即存在编码抽象概念的神经元簇及编码具体特征的神经元簇，不同层次的神经元簇可以被绑定在一起共同表达复杂刺激。这种特征绑定的一个可能机制是更高级脑区的选择性注意机制。

艾德曼和加拿大学者 G. Tononi 在合著的《意识的宇宙》一书中指出，尽管各个脑区间存在分布广泛的联系，但仍将会导致功能团簇的出现，就是正常脑，在认知和行为过程也会出现表现活跃的脑区。他们在 1998 年《科学》杂志上发表“意识与复杂性”一文中，认为由神经元通过紧密互联组成的神经元群（簇）是脑内神经联结结构和功能模式选择性活动的主体，神经功能簇定义为在其自身内部神经元之间具有强烈交互作用而与系统的其余部分交互作用较弱的神经元子集。提出了动态核假说：一个复杂系统具有许多不同类别的小区域，这些区域能够类似独立运行，但也能彼此间相互结合形成更大的整体，产生整合功能。神经元集群具有高度的整合性，又有高度复杂性，或称之为分异性，这种随时间而变化不定的神经元群，被定义为动态核。在极短（几分之一秒）时间内，动态核的演变过程构成大量神经信息。为此，艾德曼引入了多测量的统计关系，对神经元集群的整合性和复杂性提出了两个定量指标——功能团簇指数（functional cluster index）和复杂度（complexity），比较系统明确地对神经元簇的动态过程进行定量刻画。

艾德曼和唐孝威都认为，脑区激活与相互作用的基本单元是神经元簇，是脑内神经联结结构和功能模式选择性活动的主体。唐孝威的神经元簇层次性编码假说，与艾德曼的动态核假说，都说明脑区激活与相互作用的动态特性——脑区在不同时刻的激活程度，以及传递信号特性随时间的变化。不同刺激产生神经元簇选择性的专一特征表达，使神经元簇具有高度的整合性，这种随时间而变化不定的神经元簇，就是被艾德曼所称的动态核，也就是唐孝威提出的不同层次神经元簇的特征绑定，形成神经元簇的高度复杂性。他们都从科学方法去定量计算脑区激活与相互作用，尽管具体采取的方法不同，但其目的是一致的。

唐孝威进一步将脑区激活与相互作用理论提升为系统学说，脑内大量神经元簇回路组成了具有不同功能的、相对独立而互相连接的功能子系统，功能子系统由完成同一功能的相关脑区构成。因此，脑是由大量的功能子系统组成，它们相对独立地进行信息加工；脑功能子系统之间互相连接而形成整体的神经网络，如图 1 所示。脑的整体功能依赖于功能子系统之间的相互作用。而这些相互作用是通过以大量神经通道为基础的等效通道表现出来，功能子系统以不同方式的连接形成脑的整体网络。

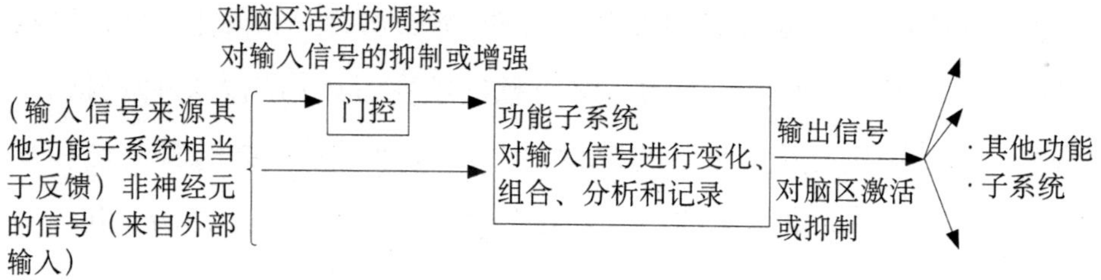

图 1　唐孝威提出的脑功能子系统框图

脑区激活与相互作用的理论观点，将对感觉、知觉、动作、注意、学习、记忆、意识等脑功能产生统一理解。从信息观点分析，在脑系统水平上，脑内信息的载体是脑功能子系统的脑区及其激活态，信息产生、获取、编码、储存、提取、传递、变换等过程都是通过脑区激活与相互作用实现的。

三　意识特性的理论框架

意识是人对外部世界和自身心理、生理活动的觉知。意识的物质基础是脑及其激活态，脑功能子系统处于激活态是意识的必要条件之一。意识不仅是特定脑区神经元簇被激活的产物，而更应该是广泛分布的神经元簇之间动态关联作用的结果。唐孝威提出了脑功能的知因假说，“知”是知识与认知，即心智或智慧；“因”是因子或单位。知因的神经物质基础是脑内专一性的神经元簇的动态结构。认为脑功能由高度分离又复杂整合的基本功能单位脑功能因子——知因组成，知因不是孤立的，而是构成复杂的回路和网络，意识也应该在知因为基础得以实现。而艾德曼对意识提出了感受特质（qualia）概念，认为意识是由与神经活动相关联的主观体验的感受特质组成，感受特质与神经结构以及与之相对应的动态结构密切相联系。感受特质是一种丰富多彩的主观体验，意识神经系统就是将感受特质作为识别体，去分辨多维空间中信号的优先级别。

唐孝威提出了意识体验的四定律。其中意识体验第一定律——涌现条件律认为，当激活脑区的激活水平达到意识临界条件时涌现意识，又称为意识涌现模型；意识体验第二定律——激活表征律认为，意识体验的内容由专一性脑区的激活来表征；意识体验第三定律——体验强度律认为，外界物理刺激引起相关脑区的激活，并在一定条件下产生人的主观体验。不同强度的刺激产生脑区不同程度的激活，意识体验的强度随脑区激活水平的提高而增加（不适合反常病人，如癫痫病）；意识体验第四定律——注意控制律，又称为选择性注意模型认为，注意的作用是增强有关脑区的激活水平，使之进入意识，同时抑制其他脑区的活动。

意识涌现模型认为，当一定脑区的激活态激活水平未达到意识涌现的临界条件时，脑保持无意识状态，而在激活水平达到意识涌现的临界条件时，脑从无意识状态转变为意识状态，这时出现脑内意识的涌现，出现对应于脑区激活态的主观体验。意识活动至少需要两类以上的脑区参与，一类是表征被觉知内容的相应脑区；另一类是负责维持觉醒水平的相应脑区。此外还需要其他脑区的支持与调控。脑内激活水平的临界值受脑内调节觉醒状态的系统（包括脑干网状结构和丘脑等部位）的调节，脑区激活水平还受注意（包括前扣带回等部位）的控制。因此，意识觉知是表征内容的脑区与调节系统、控制系统脑区联合活动的结果。

选择性注意是重要脑功能之一，各种有意识的认知活动都需要选择性注意参与。唐孝威在选择性注意机制各种模型（过滤器模型、注意探照灯模型、偏置竞争模型）基础上建立了选择性注意统一模型。选择性注意统一模型指出，当不同项目具有不同强度的输入刺激，它们之间会发生竞争，在竞争中取得优势的项目，原因在于在不同项目中它具有的强度最大，引起脑激活水平最高。注意的作用是使被注意的项目增强，使其在竞争中占优势，同时使不受注意的其他项目被抑制。

唐孝威将脑内信息加工模式分为受控加工模式与自动加工模式。受控加工模式是受控的、有注意参与的加工模式，自动加工模式是不受控的、不需要注意参与的加工模式。两种加工模式之间会发生转变，加工模式的转变对了解意识和无意识活动具有重要意义。如原先自动加工的项目，由于注意快速指向，在短时程内变成注意目标，对原先自动加工很快转变为受控加工，产生注意指向。当原先受控加工项目，由于注意快速转移，在短时程内从受注意目标变成不受注意，对这个项目加工很快转变为自动加工，当注意对新的目标起增强作用时，原先的目标受到抑制，产生注意转移。艾德曼在文献中指出，意识的多变性和差异性表征了意识神经过程是在短时间脑内多信号整合，表征了意识状态的专一性；意识的这种统一，显示了意识具有结构特性，即将不同感官形态绑定在一起；意识与脑活动理论相一致，意识具有广泛的通道和关联性以及复杂分布特性；意识具有中心界限、周围和边缘部分，是从中心向到周围方向的弥散，并取决于注意力的调控；意识是普遍存在的，但并非总是针对具体事物或者事件的，意识反映主观情感与意图，具有很强的记忆与想象能力，并与外界刺激密切有关。意识理论的要点是神经元群选择理论（Theory of neuronal group selection, TNGS）。

脑是一个选择系统。在这个系统里，一般先产生大量变量回路，然后针对意识体验，从中选出特定的变量，其他变量回路就被退化了，即意识依赖于引发意识的神经系统的自然选择（神经变化选择的有利性），意识神经系统具有适应性功能，能够整合大量并列发生的感官输入和运动神经的反应。这些神经系统把感觉与记忆、想象结合起来，把复杂的感官输入与过去所学到的和将来需要的相联系。根据个人过去历史进行整合，这种分辨多种输入信号的能力提供了一种适应有利性。其中，重入（reentry）对意识的出现很重要。重入是一个平行发生的选择过程，是在神经元群间来回发放信号的行进过程，它交叉发生在大量平行交互的脑皮层区域，它将影响竞争神经元群相互作用的结果，脑区同步激活回路被选择，即实现了各个功能上独立脑区的绑定。选择性控制绑定对于感觉归类是至关重要的。

其次，脑选择性受到弥散性上行值域系统（diffuse ascending value system）的控制，因为神经结构被激活的阈值受控于弥散性上行值域系统，通过调整或改变突触阈值来影响选择过程，同样影响着学习和记忆。例如，丘脑控制着意识的水平，借助于髓脑内核的输入量来改变脑皮层活动的阈值。值域系统受过去感觉类别的个体神经组群中的动态突触的变化而变化，这种突触的变化汇集到被称之为值域归类记忆（value-category memory）保留下来。

此外，意识经历的整合动力学显示，丘脑皮层运作如同一个功能团簇——它主要表征自身相互作用，当然它也存在与其他脑系统的相互作用。注意力对意识的调整是通过基本神经中枢网络和丘脑皮层系统之间的相互作用（到皮层的输入门控）所产生。在学习行为期间，通过发射信号到神经中枢和接收来自神经中枢的信号，自动影响神经活动的进程，以这种方式，依据前后发生的情况，处于意识和非意识活动的神经区域的相互影响，自动转换为注意或无意识。

TNGS 和重入是意识框架的核心。选择性神经系统是多样性的，这是脑意识复杂性的基础，重入提供了判断方法，重入将分散的多个脑区的活动绑定起来，在感觉识别阶段动态地随时间变化。图 2 是艾德曼在文献中表示重入导致意识的机制框图。主要有两种信号，一种是自身的信号，构成值域系统和大脑与身体的调整因素，它们与个体意识的过去学习有关；还有一种是外部信号。被归类的外部信号和值域关联信号相互作用，导致记忆，这就是概念化分类。值域归类系统记忆能力通过重入回路与当前外部信号的感觉类别相联结，重入连接对于导致基本意识的发展起主导作用，当它与多种感受形式（视觉、嗅觉等等）交叉发生作用时，基本意识通过值域变化进行体验与记忆，导致产生高级意识（超越基本意识记忆的限制，不仅可以获取个体过

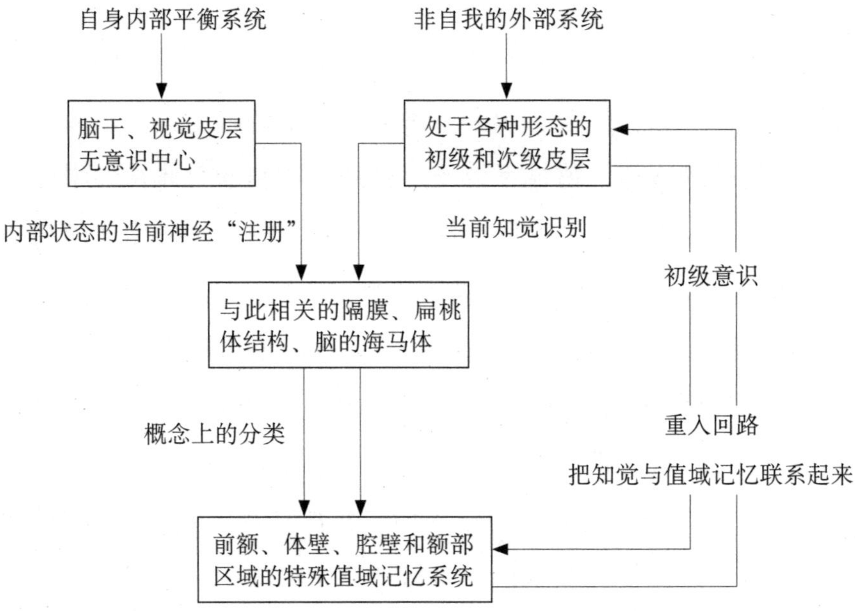

图 2　Edelman 提出的重入导致意识的机制框图

去的体验，还可以获取将来计划和现存意识)。

艾德曼和唐孝威都对意识动态过程描绘得非常清楚，而且基本观点是一致的。唐孝威指出进入意识的脑活动必定是脑区激活态，但是，脑区激活态中多数由于激活水平低而不能进入意识，只有激活水平达到临界条件的激活态才能进入意识，意识是脑激活态激活水平达到临界条件时涌现的，这时产生主观觉知与体验，这个过程需要其他脑区的支持与调控。大量的、激活水平低的脑活动是无意识的，这些不进入意识的脑区激活态是脑功能活动的重要部分——内隐的脑激活态。意识的脑活动与无意识的脑活动都服从脑区激活与相互作用的普遍定律，无意识的脑区激活态的活动也构成脑内信息自动加工的内容。注意是脑内控制系统的功能，它的作用是增强某一功能子系统相关脑区的激活，同时抑制其他不受注意的脑区。注意参与后，功能子系统脑区的激活更加复杂。注意与意识是密切相关的，原来不能达到临界条件的、激活水平较低的激活态，在注意参与下得到增强，进入意识。这种进入意识的激活态称为外显的脑激活态。这就是在注意参与下，脑区激活态活动构成的脑内信息受控加工过程。

艾德曼认为，在意识整合进程中，一部分广泛分布的脑区内发生整合和联结作用，而另一部分脑区成为功能退化系统。系统整合回路的关键性重入事件是亚稳态的，并且在500ms或更短的时期内，让位于一套新的整合回路。从时间进程上说，脑内作为一个主要与它自身相互作用的功能团簇——重入动态核，产生不同的，然而又是专一状态的复杂系统特性。在短时间内整合大量信息的动态核，由于核的重入关联作用，包括感觉识别和值域记忆之间的相互关联，不可避免地受到新信号的影响，尽管核主要是自身相互作用，但它还与基本神经中枢和丘脑核相互作用着，先前不在动态核内的神经元群会进入动态核，而有一些神经元群则离开这个核。持续不断地接受一系列来自身和脑系统关于运动行为和平衡控制的信号，输入到存在的动态核，它们为意识主观性和自我提示等提供了一个基本依据。

艾德曼在“意识与复杂性”一文中指出，意识就是发生在动态核基础之上，在极短时间内，从无数场景中，通过分异、选择、整合，出现意识。唐孝威则指出，意识经历是脑神经活动的动态过程，其关键特性是意识经历的整合——意识专一性，意识经历的高度分异性——短时间内，意识经历大量不同的神经状态。艾德曼认为意识是时间上有序、连续和可改变的，但唐孝威对 James 信息流思维的连续论提出挑战，提出信息加工的不连续性假说（量子化假说）——脑内信息加工的普遍性原则：脑内各个层次的信息加工都存在这种不连续现象，信息加工要分成一步一步去完成，在各步之间存在信息加工暂时中断——这种现象可能是由于中枢神经系统信息处理速率低于周边系统感觉通道的信息输入速率所引起的，所以在处理完毕工作记忆的暂存信息前，允许中断输入，以保证不发生信息处理的拥塞。感觉信息加工速率的瓶颈在中枢神经，而不是在周边神经系统，故脑内信息处理在时间上是量子化特性。(暂时中断时间尺度 10ms, 暂时中断不被人所意识到，表观上是连续的。)

四 总结

通过上述唐孝威和艾德曼对意识特性的理论框架的对比，他们的主要观点，概括列于表 1。

唐孝威	Edelman
知因假说	感受特质（qualia）概念
意识涌现模型	弥散性上行值域系统（diffuse ascending value system）
先择性注意模型	神经元群选择理论（Theory of neuronal group selection, TNCS）
注意符合增强机制	注意力对意识的调整
意识动态过程	重入（reentry）动态核
信息加工的量子化假说	意识是时间上有序、连续和可改变的

表 1　唐孝威和艾德曼对意识特性的理论框架对比

意识经历是脑神经活动的动态过程，其关键特性是意识经历的整合——意识统一性；意识经历的高度分异性——短时间内，意识经历大量不同的神经状态。如何定量描述意识神经活动的动态过程，是当前计算神经信息学的主要任务。神经系统的物理学研究离不开表征神经信息的大量数据，数据来源于实验，来源于各种实验手段，我们希望通过 PET、fMRI 、MEG、EEG 等脑成像实验，从中可以获取丰富的脑神经信息，从系统层面上建立表征脑复杂性的数学物理模型，辨识脑神经各部分之间的关联作用，进行意识研究。归纳起来可研究问题有：

1. 意识涌现模型验证；

2. 意识体验强度与脑区激活水平的关系；

3. 选择性注意模型验证；

4. 脑内信息加工两种模式之间的转变过程——注意指向和注意转移验证。

目前 PET、fMRI 等脑成像技术的时间分辨率还不够，而脑磁图（MEG）时间分辨高，可用来验证信息加工的量子化特性。

参考文献

Edelman, G. M. 2003. Naturalizing consciousness : A theoretical framework[J]. *Nature*, 100(9): 5520–5524.

唐孝威 . 2003. 脑功能原理 [M]. 杭州：浙江大学出版社 .

Edelman, G. M., Tononi, G. 2000. *A Universe of Consciousness*[M]. New York: Basic Books.

Tononi. G., Edelman, G. M. 1998. Consciousness and Complexity[J]. *Science*, 282: 1846–1851.

唐孝威 . 2003 . 意识的四个要素理论 [J]. 应用心理学 . 杭州：浙江大学出版社，9（3）：10–13.

本文原载《心理科学》(*Psychological Science*)

2005 年 28（2）第 416—419 页

意识定律

唐孝威
（浙江大学物理系交叉学科实验室，浙江大学语言与认知研究中心）

意识是自然科学的基本问题之一。近年来脑科学实验技术的发展，使得有可能对意识进行定量的研究。本文基于意识的经验事实，提出意识三定律。第一定律阐述意识的神经四要素。第二定律说明意识涌现的必要与充分条件。第三定律给出意识体验强度与相应脑区激活水平之间相关性的心脑关系式。

1. 意识第一定律

意识第一定律是意识的神经四要素定律。我们曾经从神经生物学层面阐述脑的四个功能系统（唐孝威、黄秉宪，2003）。基于对意识的神经网络的探讨，涉及意识的四个神经生物学的要素，即觉醒活动、信息加工、注意增强、全局广播。

觉醒是意识的要素之一。意识的觉醒程度和脑干等基础的脑结构有关。脑内意识觉醒的支持系统的活动度用参数 α 来表示。α 是关于意识觉醒程度的指标，它是可以量化的。平时我们讲觉醒的程度就用 α 来表示。

意识的内容涉及脑内的信息加工。意识的信息加工由大脑皮层一些专一性的脑区负责，它们分别处理各种特定的信息，比如视觉里某一种颜色的加工，或运动里某一种动作的加工。不同种类用 i 表示，i 可以从 1 到 n，有很多种，不同的内容由不同的对应脑区加工。信息加工时，大脑皮层专一性脑区激活。脑内信息加工的专一性脑区的激活水平用参数 A 来表示。

注意增强也是重要的机制。注意不同于意识，但是注意的增强是意识的一个要素。脑内注意控制系统对脑区激活的增强系数用参数 γ 来表示。脑内注意对脑区激活有一个增强的过程，这个过程对加工的信息进入意识是必须的。

加工的信息还必须进到脑内全局广播。Baars(1997) 和 Dehaene(2014) 的全局广播理论指出，意识活动要有大量的反馈的过程。Edelman (2000) 也讲信息的再入（reentry）过程。Humphrey 的意识理论（2011）也强调回路（loop）。在丘脑、前额叶和顶叶间有很多来回的信息的交流，所以只是信息加工脑区参与还不够，还要进入这个回路，要有全局广播的机制，这是比较重要的。Dehaene (2014) 指出，全局广播系统是一个大范围的活动，这是一种信息的交流和整合，它的活动在脑成像和脑电中都会有反映。脑内意识全局传播系统的全局传播度用参数 β 来表示。

第一定律指出，神经四要素并不是独立无关的，它们通过各种相互作用而紧密联系，并协同活动。从神经网络来看，觉醒活动、信息加工、注意增强、全局广播，四个要素缺一不可。这几个部分要集成起来，只有一部分是达不到意识的。

2. 意识第二定律

意识第二定律是意识涌现定律。意识不是静止的状态，而是不断变动着的动态过程。平常脑内大量的活动都是在进行着信息加工，它们都是属于心智活动，而且无意识的活动的数量比有意识的活动的数量大很多，但是它们没有进入意识。通过许多脑区的激活和它们之间的相互作用，大脑皮层一定脑区的信息加工可以从无意识的加工转变为有意识的加工，这种动态的转变过程就是意识的涌现。当脑的活动满足了意识涌现的必要和充分条件之后，加工的信息就进入意识了。

意识涌现过程不是孤立的单个脑区的活动，而是脑内四个功能系统及它们内部多个脑区相互作用下发生的集体活动。因此要从多个脑区集体相互作用的观点来考察意识涌现的动力学过程。意识涌现定律是：在意识的神经四要素相关脑区的共同作用下，当大脑皮层加工信息的一定脑区的激活水平达到临界的意识阈值 Ac 时涌现意识，这称为 α—β—γ—A 机制。引入的一些参数不同于要素本身，它们是从功能活动的角度表示相关脑系统的活动程度。

定量地说，脑内意识觉醒的支持系统的活动程度必须大于 0。同时，全局的广播系统即传播系统中，信息全局广播的程度 β 必须大于 0。当然脑内信息加工专一性脑区的激活水平要大于 0，但是只大于 0 还是不够的，它的信息加工可能仍然是无意识的，不一定是有意识的，激活水平需要超过一个阈值 Ac，信息加工才能进入意识。考虑意识的涌现，就一定要考虑意识的阈值。脑内激活水平 A 经过注意的增强达到意识的阈值之后，才能进入意识，这个时候才能有意识的通达(access)。可以通过改变条件，观测受试者脑活动在达到意识阈值时，脑内出现全局广播的点火（ignition）信号，来确定意识阈值。总之，意识涌现的必要和充分条件是：$\alpha > 0$; $\beta > 0$; $\gamma > 1$; $\gamma A \geqslant Ac$。Ac 是意识阈值，$\alpha > 0$ 就是有觉醒活动。$\beta > 0$ 就是全局广播的系统回路要进行活动，丘脑、前额叶、顶叶回路里有很多信息的整合。γ 就是注意增强，加工信息的专一性脑区原来的激活水平经过 γ 增强超过意识阈值，激活水平超过阈值后信息就进入意识。

综上所述，当一个脑区的激活水平低于这个脑区的意识阈值时，个体没有关于激活脑区信息加工内容的意识体验；当激活水平超过意识阈值时，并且有觉醒系统、调控系统和全局广播系统的脑区参与活动时，个体就有激活脑区的加工信息内容的意识体验，并且意识体验的强度随着脑区激活水平的提高而增加。在无梦睡眠的时候 $\alpha=0$。做梦的时候 α 值比较低，但是不等于 0。在清醒但是无意识信息加工的时候，$A < 0; \alpha > 0; \beta=0; \gamma < 1$，即虽然因为个体是清醒的，$\alpha$ 大于 0，但是 β 没有作用，因为没有全局广播，虽然脑区有激活 A，但是由于 β 等于 0，所以信息加工不能进入意识。

3. 意识第三定律

意识第三定律是有意识活动的心脑关系定律。意识问题的特殊性决定了我们不能只关注意识涌现的客观神经生物学条件，还需要重视有意识活动所带来的主观体验。第三人称的神经网络的激活是如何和我们第一人称的主观体验的内容和强度联系起来的呢？意识内容具有多样性。人有很多种不同类型的感知觉，例如听觉、视觉、触觉等，个体分别有不同内容的主观体验。并且在同一种感觉，比如视觉中，还可以细分为颜色视觉、空间视觉、形状视觉等很多不同的内容。因此，可以用 i 来表示某一种感觉的内容，并且 i 所包含的种类有很多，从 1 到 n，有很多种。对于其中每种感官体验而言，主观体验都有内容和强度之分，体验的程度是讨论意识量化的前提。这种主观的体会和体验所对应的脑的基础，就在于大脑皮层专一性脑区的激活。脑区有不同的回路，它们分别加工不同的内容的信息，比如视觉里某一个视觉内容就会有专门的脑回路来激活和表征它。生理的脑的激活是可以量化的，因为有不同的激活的水平；而心理的主观的水平也是有不同的程度可以量化的。要把生理的客观的激活和心理的主观体验联系起来，把第三人称的描述和第一人称的描述联系起来。在这个联系的过程中，因为这两个方面涉及不同的量纲，特别是意识过程是一个相对的过程，所以把这两者联系起来时，需要应对的问题之一是量纲的变换。

我们把主观体验的强度叫 C，用 C 来表示主观体验的强度，说明主观体验是有一定数量，它的值有大有小。第一人称的体验是有大有小的，而且是可以量化的，并不只是等于 1 或者 0。同时，C 可以有不同的内容，对其中每一种特殊信息 i 来说，叫做 Ci，Ci 就是对特殊信息 i 的主观体验的强度。下面用一个简单的公式把 C 和 A 联系起来。当 $\alpha > 0$ 和 $\gamma A \geqslant Ac$ 时（Ac 是意识临界阈值），主观体验的强度和脑内信息加工专一性脑区的激活水平的关系式，即心脑关系式是：

$C=a \cdot A$,

C 是主观体验强度。A 是信息加工脑区的激活水平。比例系数 a 和上述参数有关。

$a=\alpha \cdot \beta \cdot \gamma \cdot v$（$a$ 包含了量纲转换，其中 v 是量纲和单位变换系数）

C 和 A 具有不同的量纲，所以中间需要用 v 进行量纲的转换。

对某一种特殊的信息内容 i 的主观体验强度 C_i，$C_i= a \cdot A_i$。

早年 Fechner 在创立心理物理学时，提出过外部的心理物理学和内部的心理物理学等概念。外部物理世界各种物理刺激作用于人的感官，引起人的内部物理世界的活动，即脑的活动，从而产生内部心理世界的感觉体验。Fechner（1860）认为，人的感觉过程既涉及外部物理世界的物理刺激，又涉及内部物理世界的脑活动过程，还有内部心理世界的感觉体验。他认为，外部的心理物理学研究外部物理刺激强度和内部心理世界感觉体验强度之间的关系，而内部的心理物理学则研究内部物理世界即脑活动强度和内部心理世界感觉体验强度之间的关系。

我们在上面讨论的心脑关系，即人的脑区激活水平和人的主观体验强度的定量关系，就是内部的心理物理学的定量定律（唐孝威，2003）。

用 S 表示外界物理刺激强度，已知脑内信息加工的专一性脑区的激活水平 A 正比于 lg$S$，把这个关系代入上面 $C=a \cdot A$ 式中，可以得到 $C = k\lg S$ 这个公式，它就是 150 多年前 Fechner 的公式。就此而言，我们的心脑关系式即内部的心理物理学定律是和 Fechner 公式即外部的心理学定律相互联系的。

意识是非常复杂的现象，本文只是一种简化的处理。有关参数的量化有待专门的研究。在量化参数的基础上，希望意识定律能得到实验检验。

参考文献

唐孝威 .2003. 论外部的心理物理学和内部的心理物理学 [J]. 应用心理学，9（1）：54.

唐孝威，黄秉宪 . 2003. 脑的四个功能系统学说 [J]. 应用心理学，9(2)：3–5.

Baars, B. 1997. *In the theater of consciousness: The workspace of the mind*[M]. New York: Oxford University Press.

Dehaene, S. 2014. *Consciousness and the brain*[M]. New York: Penguin Group.

Edelman, G., Tononi, G. 2000. *A universe of consciousness: how matter becomes imagination*[M]. New York: Basic Books.

Fechner, G. T. 1860. *Elements of psychophysics*[M]. New York: Holt, Rinehart and Winston.

Humphrey, N. 2011. *Soul dust: The magic of consciousness*[M].Princeton: Princeton University Press.

本文于2017年《应用心理学》发表

图书在版编目（CIP）数据

意识笔记／唐孝威著．—杭州：浙江大学出版社，2017.11
ISBN 978-7-308-17422-0

Ⅰ．①意… Ⅱ．①唐… Ⅲ．①意识—研究 Ⅳ．①B842.7

中国版本图书馆CIP数据核字（2017）第232917号

意识笔记
唐孝威 著

责任编辑 叶 敏
文字编辑 李 卫
装帧设计 李 岩
出版发行 浙江大学出版社
（杭州天目山路148号 邮政编码310007）
（网址：http:// www.zjupress.com）
排 版 北京大观世纪文化传媒有限公司
印 刷 浙江印刷集团有限公司
开 本 710mm×1000mm 1/16
印 张 11.25
彩 插 4
字 数 142千
版 印 次 2017年11月第1版 2017年11月第1次印刷
书 号 ISBN 978-7-308-17422-0
定 价 45.00元